CYBERSPACE SECURITY
PEER REVIEW PRACTICE

网络安全评估实战

邹来龙 ◎ 编著

清華大学出版社
北京

内容简介

本书借鉴国际核能领域核安全同行评估体系、标准、方法和成功实践，以网络安全等级保护2.0核心标准(GB/T 22239—2019)第四级安全要求为主体框架，以"持续提升网络安全防护能力，持续打赢网络安全保卫战"为根本目标，介绍了网络安全同行评估的组织、流程、技术和方法。在充分吸收近年来电力、金融、电信、交通、水利、石油石化、电子政务和公共服务等行业的网络安全实战防护经验基础上，提出了网络安全领导力、网络安全绩效责任、网络安全监测防护、从"止于合规"到"持续守住打赢"以及实战化驱动的网络安全能力评估等新理念、新架构和新方法。

本书可作为网络安全专业测评和咨询服务从业者的实战手册，也可作为高等院校网络空间安全专业师生的参考用书。

图书在版编目(CIP)数据

网络安全评估实战/邹来龙编著. —北京：清华大学出版社，2022.9（2023.9重印）
ISBN 978-7-302-61713-6

Ⅰ. ①网… Ⅱ. ①邹… Ⅲ. ①计算机网络—安全技术—技术评估 Ⅳ. ①TP393.08

中国版本图书馆CIP数据核字(2022)第155931号

责任编辑：白立军 战晓雷
封面设计：杨玉兰
责任校对：焦丽丽
责任印制：沈 露

出版发行：清华大学出版社
网　址：http://www.tup.com.cn，http://www.wqbook.com
地　址：北京清华大学学研大厦A座 **邮　编**：100084
社 总 机：010-83470000 **邮　购**：010-62786544
投稿与读者服务：010-62776969，c-service@tup.tsinghua.edu.cn
质量反馈：010-62772015，zhiliang@tup.tsinghua.edu.cn
课件下载：http://www.tup.com.cn，010-83470236
印 装 者：三河市龙大印装有限公司
经　销：全国新华书店
开　本：185mm×230mm **印　张**：15.5 **字　数**：270千字
版　次：2022年11月第1版 **印　次**：2023年9月第2次印刷
定　价：59.00元

产品编号：095790-01

PREFACE

推荐序一

构建实战化、常态化网络安全绩效评估体系

当前,国际国内网络安全形势严峻而复杂,有组织黑客频频对我国关键信息基础设施网络实施攻击窃密、潜伏破坏、加密勒索等 APT 攻击活动。传统信息安全产品的"老三样"在实战对抗中已经明显力不从心,单点产品或者不成体系的防护已经难以与越来越复杂的网络攻击展开对抗,如果我们只做合规和被动性的防守,不迅速做出改变以适应严峻的网络空间安全局势,将可能遭受严重的损失。新时代、新形势呼唤网络安全新理念、新技术、新体系。

我国创造性地将实战化引入网络安全保护工作。通过实战,我们发现当前我国重要行业网络安全仍存在不少问题。首先,基层单位敌情意识、危机意识淡漠,部分行业虽有完备的网络安全管理、技术标准等体系规范,但对基层的制度落地督促指导力度弱、制度措施不落地、"技管"结合不到位、"业务先行,安全滞后"等现象比较明显,极易成为行业安全突破口。其次,很多行业总部的直属单位网络安全防护工作也比较薄弱,部分重要行业部门的科研机构、事业单位等直属部门存在网络安全主责不明确、安全管理缺失以及防护力量薄弱等问题,成为行业部门重大安全风险点。最后,重要行业的广域互联网络缺乏有效联防联控措施,各分支机构、控股单位均与总部存在复杂的网络联通关系,行业整体防护能力不足,缺乏内部访问监控,"一点突破"即可造成"自下而上直击核心,自上而下扩散打击"的严重后果。

通过实战化演练发现,我国重要行业仍然无法有效应对多点、同时、大规模的复合式网络攻击。近年来,重要行业部门深入落实等级保护和关键信息基础设施保护两个制度,积极开展实战化攻防演习,网络安全防护能力大幅提高,能够有效防范常规网络攻击。但是面对来自人员、网络、供应链等全方位的立体式打击,以及秘密潜伏、多点渗透、重点盯控等高等级攻击谋略,防范应对能力普遍不足。此外,部分单位仍然存在着互联网暴露点过多、违规外联、重要数据信息在互联网上泄露、老旧漏洞不修补、神

经中枢系统防护薄弱、访问控制措施不健全、对底层网络设备等基础环境防御措施缺失等常见问题。此外，在协同工作方面，仍然主要依靠本级、本单位单方面力量开展防护，协同能力严重不足，难以应对复合式网络打击。尤其在央企数字化转型的趋势下，“云管端”业务的迅速发展使得攻防手段更加不对称，单一风险点就可造成“以点打面”的后果。当前，数字经济的推进如火如荼，海量信息资源深度整合共享，进一步推动了不同领域、不同功能、不同等级的网络广域互联，催生了大量新型业务场景，业务载体从建设专用系统朝着搭建“微服务接口、远程调用”的方式演进，更是出现了“生产过程数字化、数字资产商业化”的态势。各大企业纷纷打造数字化运营平台、云 SaaS 服务平台等，通过“云＋端＋App”的形式，对内、对外提供智能化服务，业务场景覆盖了生产生活、政务服务、日常办公、广播传媒、智能家居以及“智慧＋（交通、医疗等）”等方面。与此同时，云平台和大数据平台也成为敌对势力、黑客组织攻击的重点对象，“云管端”模式天然构造了从一个平台到广大用户的链路，借助该链路直接控制云端后台，或通过“端点”反向打击云端，都可以轻易实现“以点打面”的效果，进而对国计民生产生广泛的社会影响。

在多年攻防演练活动推动下，攻守双方在对抗中不断地攻陷、加固、再攻陷、再加固，使我国关键信息基础设施运营者走出了一条最适合自己的网络安全之路。在大量实战案例的积累中，我们看到了中国企业网络安全防御能力的快速成长，也开始摸索可以有效应对高级别攻击的思路。尤其明显的是，重要行业单位开始转变被动防护的思维，按照网络安全实战化、体系化、常态化的工作要求，快速建设完备的纵深防御体系，持续推进网络安全运营能力，同时建立攻防兼备的国家关键信息基础设施网络防护专业队伍，以应对严峻的网络安全挑战。

有了指导思想，要取得实效，还需要在网络安全绩效评估方面有一套方法论的指导。目前，在这方面仍然缺乏管理与技术量化指标，存在以下尴尬局面：当没有网络安全事故发生时，领导觉得投入是浪费；当发生了网络安全事故时，领导又觉得安全部门没有尽职尽责。部分单位将网络安全工作视为辅助部门、业务保障部门，对网络安全监测发现、分析研判、通报预警、应急响应、协同联动和追踪溯源等核心能力认识不深刻，技术手段建设滞后，缺乏量化考核性指标。例如，监测发现措施主要依靠攻击入侵黑样本特征而缺少基于白名单的行为安全检测；分析研判措施主要对受影响对象进行分析，不能精准做到影响面评估；通报预警措施穿透力不够，内部通报机制不完善，难以覆盖基层一线部门；应急响应措施以消除和修复问题为导向，时效性和分级分类指标不足；协同联动措施的范围较小，联动内容较单一，尚处于起步阶段；追踪溯源措施以依靠威胁情报关联为主，不能从时空关系、访问行为和攻击对象等方面进行完整攻击画像；等等。

对于网络战的防护水平，对手的评判结果是最客观的，但现实中敌人又不可能主动告诉我们真实情况。此时，由于同行专家对行业网络结构、关键节点、业务运转等情况有充分的掌握和了解，网络安全防护能力同行评估就成为最逼近真实情况的一种方式。实战化的结果又为同行评估提供了一手素材，可以有效辅助同行专家做出正确的判断。本书正是从同行视角出发，基于网络安全等级保护2.0核心标准和作者多年网络安全实战经验，借鉴国际核能领域核安全同行评估的体系、标准、组织、流程和方法，创新构建了网络安全业绩目标与评估准则，基于体系化的思维和方法，从不同的维度对企业网络安全展开全面评估，巧妙解决了风险识别和绩效评估的难题。相信本书将对各单位网络安全工作发挥巨大的推动作用！

胡光俊
公安部第一研究所

PREFACE

推荐序二

构建内生安全体系　落实“三化六防”措施

随着信息化的发展、数字化的加速和深入，信息化与业务深度融合，业务对信息化高度依赖并与之紧密相关，网络安全对于业务的影响也越来越大，甚至是生死攸关，网络安全等同于业务风险，直接关系企业的稳定运行、正常经营和长期发展。

近年来，随着国际形势的变化和数字化转型的推进，针对数字化业务的网络安全威胁也日渐升级，供应链攻击、勒索攻击、数据泄露事件层出不穷，影响越来越大。我们经常能听到、看到政府机构、知名企业被勒索或者发生数据泄露的事件，在这些事件中，重要数据、机密和核心数据、业务数据成为攻击的主要目标。关系国计民生的关键信息基础设施更是网络攻击的重点目标，面临前所未有的威胁，全球范围内因网络攻击造成的断电、断油、断肉、断奶、断播和停工、停产、停运事件屡屡发生。因此，关键信息基础设施的安全稳定运行已成为各国网络安全防护的重中之重。

我国高度重视关键信息基础设施的安全防护，在以《网络安全法》为核心的网络安全治理体系中，重点强调了关键信息基础设施安全防护，2021 年 9 月 1 日起实施的《关键信息基础设施网络安全保护条例》中不仅明确了对关键信息基础设施网络安全保护的责任，强化了要求，也提出了包括“三化六防”(实战化、体系化、常态化，动态防御、主动防御、纵深防御、精准防护、整体防控、联防联控)在内的具体的防护措施和目标。

我国网络安全经历了过去二十多年的零散发展，已经明显落后于体系化发展的信息化水平，与信息化发展不匹配，不仅安全能力达不到要求，而且存在规模落差、成熟度落差和覆盖面落差，因此，无法支撑数字化时代的信息化保障。主要表现为关键信息基础设施网络安全建设模式落后、基础不牢、体系不足、能力缺失、实战不足。

这些问题集中体现为面对组织化的攻击，安全防护体系很容易被突破。在近年来国家监管机构和企业自己组织的实网攻防演练中，很多关键业务、核心系统和重要设施屡屡被“打穿”，攻击方轻松获取了重要权限。这说明传统的“膏药贴”式安全防护已无法应对数字化深入发展过程中带来的多维度网络安全挑战，也无法有效落实《关键信息基础设施网络安全保护条例》中提出的“三化六防”措施。网络安全需要从过去的零散、局部、被动的建设升级为构建以内生、体系化、主动、有序为特点的安全体系，真正实现“三化六防”。

为此，我们和近百家关键信息基础设施机构共同进行了实践探索，提出了内生安全框架的方法论。基于内生安全理念，结合系统工程思想与EA方法进行网络安全规划设计推出的内生安全框架，将网络安全局部整改模式升级为体系化规划建设模式，具有“1+1>2”的涌现效应，能让安全产品和服务相互联系、相互作用，在整体上具备单个产品和服务所没有的功能，从而保障复杂系统的安全。

这套方法论关注的是如何在中国当今的信息化环境中建设和实现体系化的安全能力。在这套方法论指引下，不同机构可以在网络安全建设发展阶段存在差异的情况下，基于自己的发展情况，先建好自身的网络安全“底座”，补足缺失的网络安全必要能力，再根据自身信息化建设及数字化转型的需要，统筹选择应用最新的安全技术。既充分考虑现实，又立足长远规划和发展，更适合当前国情。

这套方法论的出发点是问题导向，发现问题和不足是前提和基础。在实践中我们发现，实网攻防演练无疑是最有效的问题发现和能力检验的方式。针对演练中发现的问题和不足，以能力导向梳理能力需求，通过体系化、工程化方法构建能力体系，才能真正有效落实“三化六防”措施，有效保护关键信息基础设施，保障数字化业务的信息化系统的安全。

本书是作者基于这套方法论迈向“三化六防”目标的教科书级实战指南，是作者基于企业长期的网络安全建设、运营和管理成功实践，总结形成的方法论和网络安全评估最佳实践。其中既有体系化规划建设经验，也有实战化运营经验；既有问题导向的能力重构，也有基于新技术应用的创新建设；既有对新理念、新方法的消化吸收，也有对实际工作的经验升华。因此，本书值得所有网络安全管理者和从业者学习借鉴。

吴云坤
奇安信集团

FOREWORD
前　言

网络安全的重要性和紧迫性已经不言而喻。随着一系列法律法规的颁布，依法治网的钟声越来越响亮了。近些年来，全球范围内网络安全事件频发，现实的挑战日益严峻，未来也更加纷繁复杂。网络安全作为国家安全的重要组成部分，已经受到党和国家以及社会各界的高度重视。2017年6月1日起《中华人民共和国网络安全法》(以下简称《网络安全法》)施行，网络安全正式上升到法治高度。2017年8月，中共中央批准《党委(党组)网络安全工作责任制实施办法》，明确提出：班子主要负责人是网络安全的第一负责人，承担主要领导责任；主管网络安全的领导班子成员是直接负责人，承担重要领导责任。2019年4月，国务院国资委在《中央企业负责人经营业绩考核办法》中首次将网络安全事件与生产安全责任事故并重调查和考核。2020年1月1日起《中华人民共和国密码法》施行。2021年9月1日起《中华人民共和国数据安全法》《关键信息基础设施网络安全保护条例》施行。2021年11月1日起《中华人民共和国个人信息保护法》施行。"没有网络安全就没有国家安全，就没有经济社会稳定运行，广大人民群众利益也难以得到保障。"习近平总书记的指示已经深入人心。

网络安全责任重大、任务艰巨，各单位上下和所有从业者已经无法规避，必须迎难而上。无论是政府部门还是企事业各单位，一把手作为网络安全第一负责人如何担负好主要领导责任；分管领导作为网络安全直接负责人应肩负起重要领导责任；网络安全的部门负责人应自信地担负起本单位网络安全工作的管理责任，切实协助一把手和分管领导把网络安全工作全面谋划好、统筹部署好、有效落实好，"让领导放心，让自己安心"；单位内部网络安全专业技术人员应履行好网络安全规划建设、日常运维和安全保障的具体责任，面对日新月异的新技术应用和新安全挑战，持续有效地学习和提升网络安全技能，把网络安全工作做得更轻松、更从容；单位内部的所有IT系统用户，在不断深化和创新应用数字化技术的同时，应该认识到自己其实是网络安全防护的直接主体，应尽到"谁建设谁负责、谁使用谁负责"的网络安全防护责任和义务，而不是网络安全的旁观者和"意见领袖"；作为各单位网络安全建设的参与者，数字化产品和网络安全产品的研发者、供应商和服务商应履行好自身网络安全建设的法定责任和义务；为各单位提供网络安全咨询和技术服务的专业机构应站在国家安全、社会安全、企业安全和人民利益安全的高度，充分发挥自身专业技术优势，与各单位一起积极有效地协同作战，共同履行好保障网络安全的法定义务和社会责任。总之，网络安全生态中的所有参与方和从业者都必须肩负起自身维护网络安全的法律责任，正视并善于应对挑战，共同为数字化驱动的高质量发展保驾护航。

从“止于合规”到“持续守住打赢”，从被动接受检查和等级测评到主动开展自查和同行评估，是网络安全运营者实施主动防御的必然要求。不少单位的领导和从业者当前对网络安全工作目标的认识还基本处于“止于合规”的状态，满足于“上级检查能过，等级测评合格”。然而，随着网络安全外部威胁的加剧和内部数字化依赖度的增加，“合规”仅仅是网络安全工作的基线，能够针对各类威胁攻击“持续守住打赢”才是网络安全工作的真正目标。从“止于合规”到经受住实战考验，从实战演习“过关”到常态化实战防护“不出问题”，甚至能够主动溯源和有效反制，已经变得越来越重要和必要。上级检查是基于合规要求，按照法律法规、行业规范和标准导则等要求，自上而下进行检查，有针对性地发现问题并提出整改要求，是一种强制性的检查活动。等级测评是由符合条件的测评机构作为执行主体，按照等级保护基本要求周期性强制执行的一种针对已定级系统的测评活动，按照是否满足业务要求进行判定，服务于行业主管部门、网络安全监管部门以及使用和运营单位。这两种监督管理方式，对于网络安全运营者来说，是一种被动式、应付式的局部“体检”，难以深入、全面、及时地发现网络安全短板、弱项和风险隐患。本书借鉴国际核能领域开展同行评估的理念、体系、方法和最佳实践，在网络安全领域引入和建立同行评估体系，与网络安全等级测评和监督检查等方式有机结合，期望形成互补优势，更主动、更全面地支撑和促进各网络安全责任主体发自内心地愿意请同行“挑刺”、与同行分享，提高“评估发现、风险识别、轻重缓急、有序整改、持续提升”的闭环执行质量。本书认为，网络安全同行评估是网络安全管理方式和社会化服务体系的一种创新探索和有益实践。

同行评估提倡“追求卓越、聚焦管理、自律自愿、持续改进”，是贯彻依法治网、依标强网和落实“三化六防”措施的有效方式。当前，网络安全领导力不足、网络安全管理体系不完善、技术体系和措施执行不到位、重技术轻管理、重投产后修补加固轻本体安全源头设计、重当前头痛医头轻持续能力提升、重数字化建设轻网络安全建设和监测运营等，已经成为“持续守住打赢”目标下的共性顽症。在国际核能领域，领域业绩目标与评估准则是同行评估的核心标准，凝聚了该领域所追求的管理绩效目标和最佳管理实践。因此，网络安全同行评估的关键要素就是设计一套符合国家法律法规、安全标准和最佳实践的网络安全业绩目标与评估准则。本书以等级保护2.0核心标准《信息安全技术 网络安全等级保护基本要求》(GB/T 22239—2019)为主体框架，充分融合近些年来电力、金融、电信、交通、水利、石油石化、电子政务和公共服务等领域的网络安全优秀实践，提出网络安全领导力、网络安全分级业绩目标与责任制、从“止于合规”到“持续守住打赢”的网络安全工作目标以及实战化驱动的网络安全能力评估等新理念、新方法和新措施，将领导者、管理者、技术从业者、用户、产品研发和技术支持专业机构的责任与能力全面衔接协同，着力构建有实效的网络安全协同防御能力。本书体现了网络安全“三同步”原则、“三化六防”措施、基于可信免疫和信创体系的本体安全、基于“聚焦管理改进”和“打造网络安全文化”的本质安全等理念和要求，设计构建了网络安全业绩目标和评估准则，包括9大领域和71个子领域，其目的是使负责网络安全工作的领导和管理者以及所有网络安全从业者能够系统、全面和常态化地评估发现网络安全事实偏差，并以追求卓越的理念持续改进，始终保有“与威胁自适应和能对抗”的网络安全综合防护能力。为便于读者理解，下图展示了本书的内容框架。

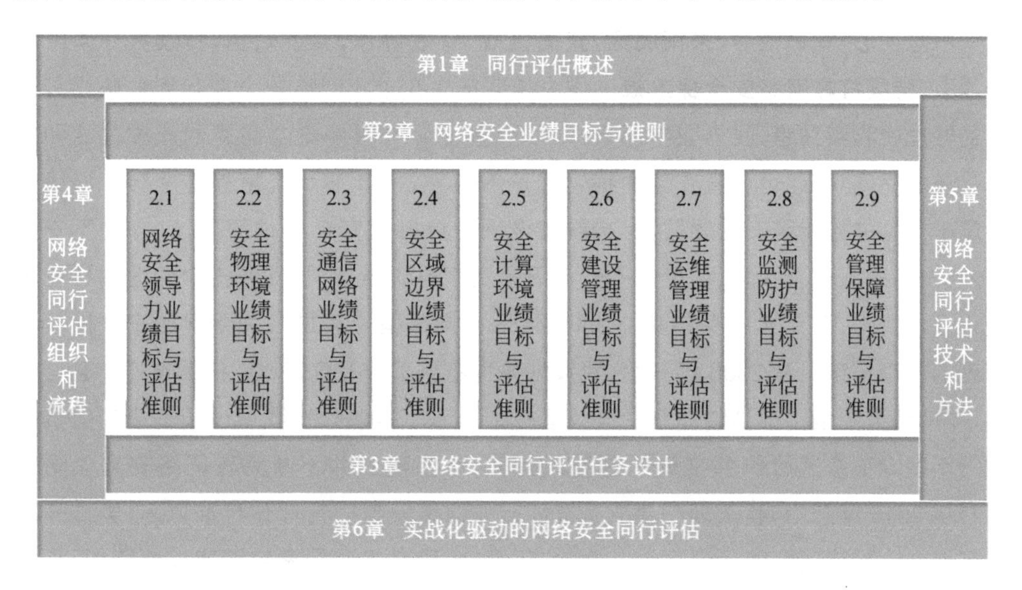

实战化驱动的网络安全同行评估是有效查找短板、优化整改行动计划、促进本体和本质安全能力持续提升的有力措施。网络安全的本质在对抗，对抗的本质在攻防两端的能力较量。上述共性顽症其实是一系列老生常谈的问题，一个个简单朴素的道

理，反复讲，反复强调，但实践证明确实是“讲百遍不如打一遍”。通过实网实战，以实际运行的网络与信息系统为目标，通过有组织、有监督的攻防对抗或攻击检测，尽可能模拟真实的网络攻击，全面检验网络与信息系统的实际安全性以及运维保障和应急处置的实际有效性，已经成为新形势下同行们普遍认同的促进网络安全综合防护能力提升的有效方式。实战化驱动的网络安全同行评估的基本目的就是把实网实战演练与网络安全同行评估的各自优势有效地衔接互补。先授权实施场外实战化评估，尽可能发现受评方网络本体实际存在的事实漏洞、短板和人因缺陷，揭示“什么被打穿”“如何被打穿”以及“为什么被打穿”；然后开展现场同行评估，协助受评方进行沙盘推演，分析这些问题对受评方业务连续性、核心竞争力、品牌影响力甚至对社会安全和国家安全可能产生的影响或后果，从而更加集中、快速和有针对性地查找网络本体的短板、人因缺陷及其产生这些问题的根本原因，支持受评方开展网络安全震撼教育，透过现象看本质，聚焦问题共分享，基于事实找原因，着眼打赢谈整改，为网络安全运营者提供更高质量和更富实效的同行评估服务，既着力当下快速整改的短板，有效防范现实的网络安全威胁，又放眼未来强化本体和本质安全能力，打造常态化、实战化的网络安全综合防御体系。

不忘初心，牢记使命，未雨绸缪，直面挑战，有效协作，共享众创，持续提升网络安全能力，持续打赢网络安全保卫战。作为长期奋战在企业网络安全和数字化建设第一线的管理者和实践者，我与业界同行一样，一直经受着网络安全问题的严峻挑战和专业责任的拷问，因此也一直在努力探索和深入实践，并试图系统地提炼总结。网络安全属于典型的非传统安全领域，但传统安全领域提出的安全管理四要素（人的不安全行为、设备的不安全状态、环境的不安全因素及管理缺陷）对于网络安全管理同样完全适用。作为非 IT 专业出身的从业者，上述四要素模型一直是我关于网络安全治理和管理的思考框架。从 2006 年开始，我策划并构建了基于 ISO 27001 的信息安全管理体系，并持续至今坚持推动该体系的有效运转。从 2010 年开始，我引进国家级专业机构进行年度专项渗透检测并推动问题整改落实，逐步建立并不断完善网络安全攻防体系。从 2016 年开始，我策划和建立了核能行业网络安全同行评估标准体系，尝试开展了核电企业网络安全同行评估。从 2019 年开始，我参加了国家实网实战演练，同步探索构建和执行完善常态化、实战化的网络安全综合防御体系，按照“行动而非口头、本质而非形式、日常而非突击”的工作原则，形成了一套将等级保护 2.0 系列标准和“三化六防”措施落到实处的体系和方法。本书提出的网络安全评估实战指引就是这些年来的探索思考和实践总结。作为大家的同行，我发自内心地期望本书的探索、实践和总结能够为政府和各行业、各企业的网络安全与数字化转型工作领导者、管理者和网络安全技术从业者，为各行业协会、学会、咨询公司和专业机构网络安全规划、咨询、测评、评估等相关领域的从业者，为高等院校网络空间安全专业的教师、研究生和本专科学生，以及为其他涉及或关注网络安全工作的所有人，提供一套更系统地认识、更有效地评估和更从容地应对网络安全挑战的思维方式、业绩目标、评估准则和实战指引。限于作者水平，书中有不完善之处，恳请各位同行积极反馈您的实战经验和宝贵意见，以便本书再版时充实和修正，更持续有效地服务于各界同行。

同行相助，不畏艰辛，任重道远，携手奋进！

邹来龙

2022 年 9 月于上海

CONTENTS

目　　录

第 1 章

同行评估概述

卓越标准，持续改进；行业自律，自愿参加；

结果保密，自愿改进；同行互评，互学互促；

同行相知，高效实用；聚焦管理，纲举目张。

同行评估(Peer Review,PR)是指在组织单位的统一协调下,由受评方之外的同行专家组成评估队,对受评方指定的评估领域,如运行安全与管理、工程建设与管理等功能及交叉领域,实施综合或专项评估,找出管理强项和待改进项,强项供行业共享,待改进项提交受评方作为制定、实施改进行动的输入,并根据受评方的要求对待改进领域的纠正行动进行跟踪回访,以实现受评方在该评估领域开展持续改进和追求卓越为目标的行业自律管理活动。

1.1 同行评估的国外实践

同行评估是国际核电领域比较独特的行业经验反馈与共享机制。在国际核电领域,美国核电运行研究所(Institute of Nuclear Power Operations,INPO)开展电厂评估(Plant Evaluation),国际原子能机构(International Atomic Energy Agency,IAEA)开展电厂运行安全评审(Operational Safety Review,OSAR),法国EDF集团开展核安全内部独立监督(Nuclear Inspectorate),世界核电运行者协会(World Association of Nuclear Operators,WANO)开展核电厂同行评估(PR)。

其中,IAEA运行安全评审团(Operational Safety Review Teams,OSART)计划开始于1982年。OSART认为:核电厂安全运行的首要条件是保守设计、精细制造、可靠建造;核电厂安全运行最终依赖于以下两点:①良好的政策、程序、过程和工作实践,调试和运行人员的能力和可靠性,被充分理解的指令,适当的资源;②管理层和员工履行其职责的积极态度和责任感。

切尔诺贝利核事故后,世界上144个核营运单位的代表于1989年5月在莫斯科签署了WANO宪章,WANO正式宣告成立。WANO宪章指出:通过成员间交换信息和鼓励相互交流、对比和竞赛,从而最大限度地提高核电厂运行的安全和可靠性。

WANO作为一个非官方的民间组织,不与任何政府部门和安全当局发生联系,WANO仅代表它的成员——核电厂的营运者,并专注为它们服务。目前,WANO在全球设立了区域中心,主要提供四大基本服务项目,包括同行评估、运行经验、技术支持和交流以及专业和技术开发等。所有的核电厂都加入了WANO。WANO每个成员自愿决定参加哪个区域中心,并自愿决定如何利用WANO提供的服务。WANO成员一般至少每6年接受一次WANO同行评估。WANO鼓励成员至少每3年接受一次外部评估。同行评估自1993年开始正式成为WANO的一项永久性活动。

曾任大亚湾核电站法方厂长的国际核电知名专家Rene Vella认为，在核安全问题上，无论是核电企业之间，还是核电企业内部员工之间，都互为"人质"。同行相互支持，共同持续追求卓越，成为全球核电同行的充分共识。足够程度的核电安全只能通过不断追求卓越来获得，而不仅仅是满足标准和检查要求。

1.2　同行评估的国内实践

中国核能行业协会作为国家民政部批准的全国性非营利社会团体，自2007年4月成立以来，本着服务、创新、共享、卓越的基本理念和核心价值观，以诚信、自律、独立、公正为基本原则，借鉴国际核能领域同行评估的最佳实践，积极探索和大胆实践，组织开展核电厂运行同行评估和核电工程建设管理同行评估，并在应急、培训、数字化仪控、工业安全和安全文化等交叉领域开展专项评估活动，为全面、深入、持续促进我国核电安全运行和工程建设管理等领域的经验交流和能力提升起到了积极和明显的作用。

国内外核电领域同行评估的理念、实践和经验，对于网络安全领域来说是非常吻合和适用的。例如，OSART计划的核心理念是：核电厂安全运行的首要条件就是设备和系统的本体安全；但最终还依赖于核电厂完善成熟的安全运行管理、技术和运行维修工作体系，以及具备良好的核安全文化素养和能力的管理和员工队伍。而在网络安全领域，网络和系统的本体安全不但需要从设计源头和建设阶段就同步设计及建设，而且依赖于投产上线后的常态化安全运维及其对应的管理制度、体系、流程和记录表单等。其中最为基础的就是管理层和全体员工的网络安全意识和基本防护技能，即要贯彻落实"网络安全为人民，网络安全靠人民"的基本理念。

2018年11月，经过一年多的准备之后，中国核能行业协会信息化专业委员会与核电运行分会共同组织开展了首次核电厂网络与信息安全专项同行评估。中国核能行业协会网络与信息安全专题工作组牵头编制了《核电厂网络与信息安全业绩目标与准则》第一版，从总体安全、管理安全、技术安全、运维安全和监督检查5方面进行系统评估，开创了我国乃至国际范围内核电厂网络与信息安全领域同行评估的先河，为全行业开展网络与信息安全同行评估积累了难得的经验。2019—2021 年，中国核能行业协会信息化专业委员会与核电运行分会又先后组织开展了两次网络安全专项评估，得到受评方的一致好评。与此同时，依据国家网络安全等级保护等最新法律法规和技术标准，同步设计编制了《网络安全业绩目标与准则》等评估标准文件，为整个行业网络安全能力的持续提升探索了一条新路。

1.3 同行评估的目的和特点

在国际核电领域，同行评估的目的是：依据国际卓越标准，通过业内同行评估，帮助核电厂提高安全和可靠性，识别待改进领域，发现强项以供其他核电站共享；使评估队和受评核电厂了解各核电厂工作的不同实践并增进沟通、交流，开阔眼界；同行评估以业绩表现为基础，通过现场观察被执行的活动，并询问“为达到卓越目标，相关工作如何能够做得更好”。当然，仅满足本地化的要求和规则，并不意味着不能提高，也可能蕴含着一种创新的强项实践。

国际核电领域的同行评估特别强调以下 6 方面的要求：

（1）自愿性。成员核电厂自愿要求 WANO 对其进行同行评估，并确定评估范围，重点是核电厂运行 6 个关键领域的评估。

（2）友好和开放的关系及氛围。

（3）不搞突然袭击(No Surprise)，所有观察意见都充分与受评方沟通并确认。

（4）不针对个人的业绩和表现，同行评估针对核电厂和组织进行评估，聚焦管理改进。

（5）是一种帮助和经验分享，而不是检查和督查。

（6）所有人员负责全过程保密，履行保密承诺。这也成为同行评估的一种精神和文化共识。

将同行评估的理念、技术和方法应用到网络安全领域时，其目的可以概括为：依据国际和国家卓越标准，参考不同行业在网络安全领域领先的有效实践，通过组织业内同行开展评估，帮助受评方提高其网络、系统和数据的安全保障能力和水平，识别待改进项，发现强项以供其他受评方共享；使评估团队和受评方了解不同行业和不同企业在网络安全方面的有效实践，并增进沟通、交流，开阔眼界；将待改进项提交受评方作为制定、实施网络安全改进行动的输入，并根据受评方的要求对待改进项的纠正行动进行跟踪回访，以实现受评方网络安全防护能力的持续提升，以不断追求卓越的姿态确保受评方的网络安全防护能力持续满足自身数字化发展和应对各种网络安全挑战的需要。

同行评估与等级测评、上级检查等不同。等级测评是由符合条件的测评机构作为执行主体，按照等级保护基本要求周期性强制执行的测评活动，针对的是已经定级的系统开展技术和管理的单元测评和整体测评，不同级别的测评力度不同，一般采用访谈、检查和测试等方式按是否满足业务要求进行判定，服务于主管部门、使用单位、运营单位以及网络安全监管部门。上级检查则是基于合规要求，按照法律法规、行业规范和标准导则等要求，自上而下进行检查，有针对性地发现问题并提出整改要求，是一种强制性的检查活动。而同行评估是由受评方自愿提出申请，由行业公认的独立的第三方（如行业协会）按照行业最佳实践和对标最优形成网络安全业绩目标与准则，以此业绩目标和准则为参考，以追求卓越为目标，组织业内同行专家自下而上归集事实现象，找到上层管理方面的缺陷，提出待改进项供受评方决策，提出管理强项和良好实践在全行业推广。因此，在等级测评、监督检查等方式的基础上，引入网络安全同行评估的工作模式，能够形成互补优势，更全面、有力地支撑和促进各网络安全责任主体有效提升其网络安全防护能力。

同行评估无论应用于哪个行业和管理业务领域，其特点和价值均可以概括为以下 48 个字：卓越标准，持续改进；行业自律，自愿参加；结果保密，自愿改进；同行互评，互学互促；同行相知，高效实用；聚焦管理，纲举目张。

1.4　同行评估体系要素

同行评估体系由评估方法、评估队伍、受评方管理者代表和领域对口人、领域业绩目标与准则、巡视卡、偏差事实、观察报告、强项、待改进项以及评估报告 10 个要素构成，各要素之间的关系如图 1-1 所示，具体介绍详见第 4 章和第 5 章。

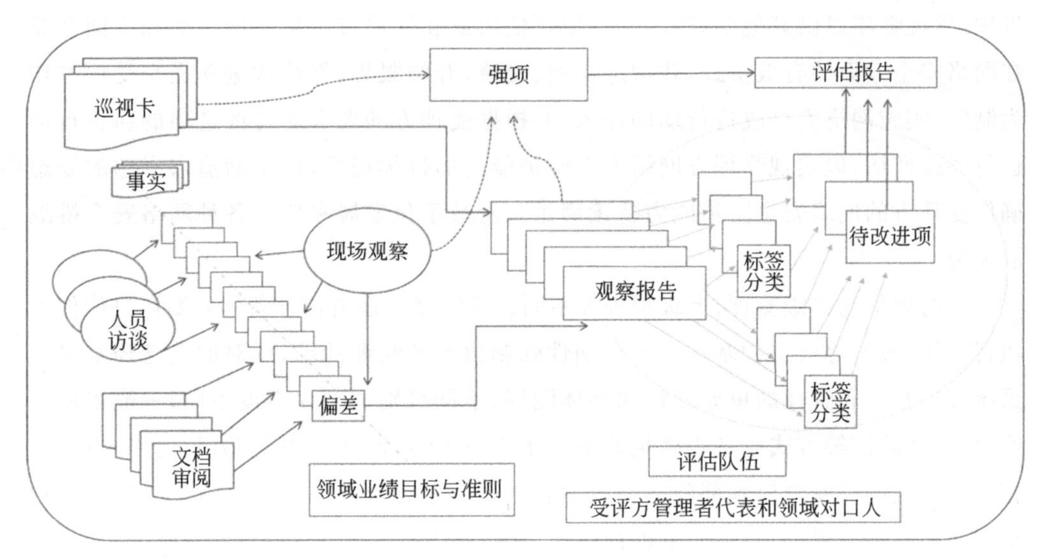

图 1-1　同行评估体系要素之间的关系

为便于理解,先对这 10 个要素介绍如下。

(1) 评估方法。在核能行业,同行评估采用的方法主要包括现场观察、文档审阅和人员访谈等。有时也采用沙盘推演等方法进行补充。

(2) 评估队伍。简称评估队,是同行评估实施的同行专家主体,由受评方之外的同行专家组成,而不是上级单位领导及其指派的检查专家,也不是等级测评机构的专业测评师队伍。同行评估队一般由领队、队长、副队长、各领域评估员、协调员和秘书组成,有时也配备顾问、观察员和离场代表等角色。

(3) 受评方管理者代表和领域对口人。他们配合和参与评估工作。一般由受评方分管领导担任受评方管理者代表。与评估队各领域评估员相对应,受评方应明确指定各领域的对口人,并由受评方评估领域的部门负责人进行统筹安排和协调配合。

(4) 领域业绩目标与准则(Performance Objectives & Criteria,PO&C)。领域业绩目标与准则是同行评估的核心标准文件,凝聚了本行业在该领域的最佳管理实践,其核心是描述评估领域及其子领域所追求的管理绩效目标,是评估员进行现场评估的参考标准,也可以作为受评方开展内部自评估、准备评估先期文件和制订改善提升计划的参考标准。

(5) 巡视卡。也称白卡,是评估员进行现场巡视时便于规范记录所发现问题的空白卡片。使用巡视卡,可以规范评估员对问题的记录以及评估员之间的信息交流,是发现偏差事实和编制观察报告的一种现场评估工作方式。

(6) 偏差事实。评估队通过客观地观察得到事实，在对客观事实进行描述的基础上，对照领域业绩目标与准则以及评估员个人和团队掌握的卓越标准，识别出达不到业内高标准的差异点，形成偏差事实。

(7) 观察报告(Observation report，OBS)。用标准的格式客观记录事实，形成偏差记录，以及基于事实而分析得出的"So What"结论，进而形成观察报告。

(8) 强项(Strong field，STR)。强项是指基于受评方的申报以及评估队的观察评估，认为在行业内具有示范推广作用的良好实践，是评估领域业绩目标与准则修订版的输入之一。

(9) 待改进项(Area For Improvement，AFI)。待改进项是指确实存在的问题或某问题带来的实际或潜在的后果。待改进项是基于偏差事实以及事实的逻辑分析，结论应准确而具体，能够让受评方认识到问题及其后果，得到管理层的认同并愿意采取纠正行动。评估队工作的重心主要在识别和挖掘待改进项。

(10) 评估报告。评估报告是评估工作的核心成果，主要由强项和待改进项组成。待改进项是评估报告的核心内容。

1.5　同行评估工作过程和规范要求

同行评估工作全过程主要包括4个阶段的工作。

(1) 评估准备阶段。评估准备是开展同行评估工作的前提和基础，是整个同行评估过程有效性的保证。评估准备工作是否充分直接关系到后续工作能否顺利开展。因此，一方面要特别重视各项评估准备工作，另一方面也要尽可能提前准备。例如，核电工程建设或核电运行同行评估准备一般提前6个月开始。

(2) 现场评估阶段。现场评估是同行评估工作的核心，主要依据评估领域的业绩目标与准则要求，将评估准则的具体要求落实到实际评估工作中，通过对受评方的人员访谈、文档审阅、现场观察、配置核查和安全测试，并调阅自查、等级测评或上次评估报告(如果有)，对受评方网络与系统的安全保护现状和管理现状等进行取证，取得足够的证据和事实资料，在与受评方对口人充分沟通确认的基础上，开展队内研讨、分析与总结活动，综合形成观察意见（Observation，OBS）和基本问题描述（Fundamental Overall Problem，FOB），总结形成待改进项，并形成评估报告初稿。

（3）编写评估报告。编写评估报告是总结受评方网络和系统整体安全保护能力的综合评估活动，根据现场评估结果和评估领域的业绩目标与准则的相关要求，定位受评方网络和系统的安全保护现状，重点分析和评估受评方网络和系统安全管理绩效与业绩目标之间的差距，并分析这些差距导致的受评方网络和系统面临的风险，从而给出评估结论，形成评估报告，可包括相关整改建议。

（4）评估回访。根据受评方的需要，一般在4～10个月后发出跟踪回访通知，开展现场跟踪回访，编写跟踪回访结果报告，经评估方审定后正式发给受评方。

在同行评估工作全过程中，规范行为是开展同行评估工作的基本要求之一。评估方实施同行评估，首先应做到过程规范，包括：制定内部保密制度；制定过程控制制度；规定相关文档评审流程；指定专人负责保管同行评估的归档文件；等等。其次是评估员的行为应规范，包括：评估员进入现场佩戴工作牌；使用评估专用的计算机和工具；严格按照评估任务作业指导书，使用规范的评估技术进行评估；准确记录评估证据；不擅自评价评估结果；不将评估结果复制给非评估员；涉及受评方的工作秘密或敏感信息的相关资料，只在指定场所查看，查看完成后立即归还；等等。

1.6 同行评估中的业绩目标与准则

业绩目标与准则是同行评估区别于等级测评和各类监督检查的最本质的特征。同行评估聚焦于发现管理缺陷，其立足点和依据就是评估领域的业绩目标。该业绩目标的设定应反映所在行业该评估领域的最新和最佳业务实践，为各级管理者不断追求卓越设定管理绩效目标，为达成相应的绩效目标设立评估参考要素。

因此，业绩目标与准则是评估员进行现场评估活动的依据。每一个业绩目标一般覆盖一个单独的、被清晰定义的管理领域。每一个业绩目标下有一组准则，描述一个对达成业绩目标有贡献的确定的活动。

需要注意的是，业绩目标下所列准则并未涵盖与业绩目标相关的所有活动；反过来说，满足了所有准则并不能保证达成业绩目标。也就是说，受评方在没有满足所有评估准则的情况下,也可能有效地达成业绩目标。同行评估强调是否达成业绩目标,而不是只关注那些支持性和参考性的评估准则。从另一个角度理解,准则本身是结果导向的。准则可以不说明达到期望结果的方法;即使说明,对于评估员来说,也应该是参考性的。评估员在使用评估准则时,应更多地基于自身以及整个评估队的行业经验和专业判断,按照聚焦管理和着力发现待改进项的评估工作目标,有效开展同行评估工作。

1.7 同行评估中的风险规避

在同行评估工作全过程中,规避风险是开展同行评估工作的基本要求之一。所谓规避风险,是指要充分估计同行评估可能给受评方带来的影响,向受评方揭示风险,要求其提前采取预防措施进行规避。同时,评估方也应采取与受评方签署相关协议和授权书(委托评估协议、保密协议、现场评估授权书)、要求受评方进行系统备份、规范评估活动、及时与受评方沟通等措施规避风险,尽量避免给受评方和评估方等带来潜在影响。

应对评估资料和评估结果按照受评方和国家相关要求做好保密工作,可采取签订保密协议、最小接触原则、职业道德评估、人员保密管理、设备保密管理、文档保密管理等控制措施,明确问责和追责等相关要求,保证同行评估过程中产生、接触的所有记录、数据、文件和报告等评估结果的安全和保密。

最终评估报告只能分发给受评方以及在评估方内部留存。未经受评方和评估方的许可,评估报告不得向第三方透露。评估员完成评估离开现场后,不得讨论任何关于该次评估的专门结果。同行评估完成后,所有受评方信息留在现场。在征得受评方同意的情况下,评估员可以最大限度地利用获得的经验,包括带走程序、大纲和导则等。在向其他受评方介绍强项时,也需要征得受评方的许可。

第2章

网络安全业绩目标与准则

网络安全同行评估是网络安全管理方式和社会化服务体系的一种创新实践。

网络安全业绩目标与准则是网络安全同行评估的基准框架，是基于网络安全等级保护2.0核心标准和各行业优秀实践，体现聚焦管理、增强网络安全领导力、着力网络安全管理改进的本质要求，体现三分技术、七分管理的客观规律和普适要求，体现人的意识和行为以及管理缺陷对网络安全综合防护能力的关键影响，是促进和支撑网络安全等级保护系列标准落地生根的新探索。

为便于系统开展网络安全评估，兼顾网络安全三同步原则、本体安全要求、常态化、实战化和体系化等因素，本书以《信息安全技术 网络安全等级保护基本要求》(GB/T 22239—2019)第四级基本要求为基本结构单元，同时增加网络安全领导力和网络安全监测防护两大评估领域，共划分为9大评估领域、71个评估子领域，其整体架构如图2-1所示。

以此为基础，明确了各评估领域和子领域的网络安全业绩目标，以及总计405个具体评估项。表2-1列出了网络安全同行评估领域的子领域和评估项数量。附录A给出了网络安全评估领域代码对照表。

表2-1 网络安全同行评估领域的子领域和评估项数量

序号	网络安全评估领域(编码/中英文名称)	子领域数量	评估项数量
1	SL：安全领导力(Security Leadership)	6	19
2	PE：安全物理环境(Physical Environment)	4	33
3	SN：安全通信网络(Security Network)	6	25
4	RB：安全区域边界(Region Boundary)	8	49
5	CE：安全计算环境(Computing Environment)	12	93
6	SC：安全建设管理(Security Construction)	8	51
7	SO：安全运维管理(Security Operation)	11	51
8	MP：安全监测防护(Monitoring Protection)	9	38
9	SM：安全管理保障(Security Management)	7	46
合计		71	405

结合对网络安全等级保护测评要求和测评指南的理解，基于同行评估聚焦管理改进的实践特点，图2-2列出了网络安全同行评估业绩目标责任分解组织结构。在落实网络安全各领域和子领域的业绩目标时，对应的负责人(角色)就是相应业绩目标的绩效负责人。在评估队开展现场评估时，评估员的访谈对象就是对应评估领域或子领域

网络安全领导力(SL)

网络安全观和承诺(SL1)
网络安全组织与责任(SL2)
网络安全防御体系(SL3)
网络安全支持和促进(SL4)
网络安全文化(SL5)
网络安全规划与能力建设(SL6)

安全物理环境(PE)
物理位置选择PE1
物理访问防护PE2
机房物理防护PE3
电力供应PE4

安全通信网络(SN)
网络架构SN1
云计算网络架构SN2
工控系统网络架构SN3
通信传输SN4
可信验证SN5
大数据安全通信网络SN6

安全区域边界(RB)
边界防护RB1
边界访问控制RB2
入侵、恶意代码和垃圾邮件防范RB3
边界安全审计和可信验证RB4
云计算边界入侵防范RB5
移动互联边界防护和入侵防范RB6
物联网边界入侵防范和接入控制RB7
工控系统边界防护RB8

安全计算环境(CE)
身份鉴别CE1
访问控制CE2
安全审计和可信验证CE3
入侵和恶意代码防范CE4
数据完整性和保密性CE5
数据备份恢复CE6
剩余信息和个人信息保护CE7
云计算环境镜像和快照保护CE8
移动终端和应用管控CE9
物联网设备和数据安全CE10
工控系统控制设备安全CE11
大数据安全计算环境CE12

安全建设管理(SC)
定级备案和等级测评SC1
方案设计和产品采购SC2
软件开发SC3
工程实施与测试交付SC4
服务供应选择SC5
移动应用安全建设扩展要求SC6
工控系统安全建设扩展要求SC7
大数据安全建设扩展要求SC8

安全运维管理(SO)
环境管理SO1
资产和配置管理SO2
设备维护和介质管理SO3
网络和系统安全管理SO4
漏洞和恶意代码防范SO5
密码管理SO6
变更管理SO7
备份与恢复管理SO8
外包运维管理SO9
物联网感知节点管理SO10
大数据安全运维管理SO11

安全监测防护(MP)
安全管理中心MP1
集中管控MP2
云计算集中管控MP3
安全事件处置MP4
应急预案管理MP5
情报收集与利用MP6
值班值守MP7
实战演练MP8
研判整改MP9

安全管理保障(SM)

安全策略和管理制度(SM1)
岗位设置和人员配备(SM2)
授权审批和沟通合作(SM3)
安全检查和审计监督(SM4)
人员录用和离岗(SM5)
安全教育和培训(SM6)
外部人员访问管理(SM7)

图2-1　网络安全同行评估领域及子领域架构

的业绩目标的绩效负责人。在受评方确定各领域对口人时，也应该与业绩目标的绩效负责人相对应，或者说应该使对口人切实了解本领域需要不断追求的业绩目标是什么，如何在实现合规底线安全目标的基础上，在业务发展和日常工作程中始终保持对网络安全风险的可知、可管和可控。

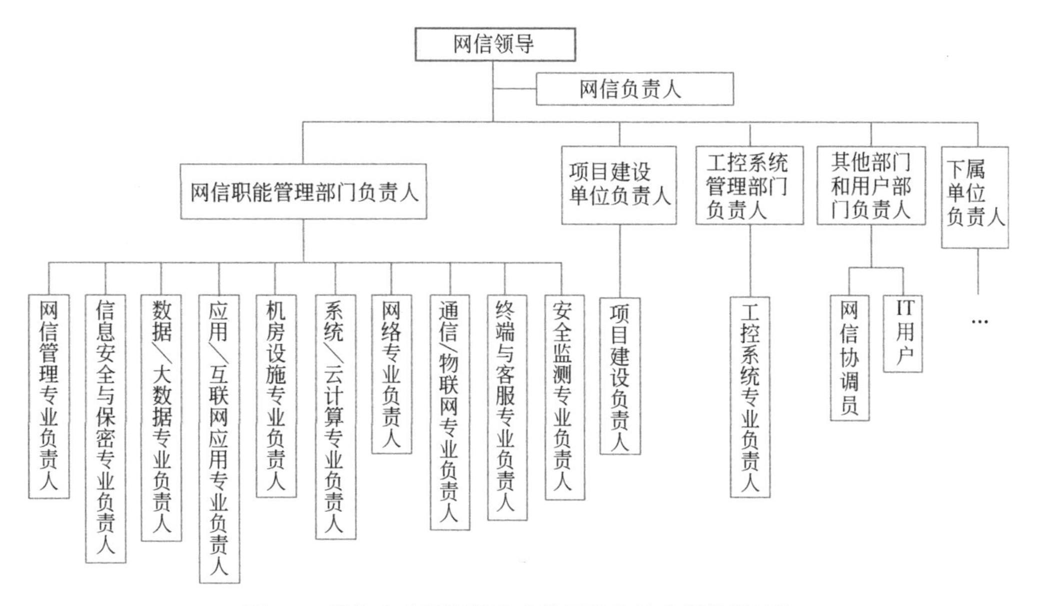

图 2-2　网络安全同行评估业绩目标责任分解组织结构

为便于评估工作中各评估领域、子领域以及各评估项内容的快速查找和使用，本书对所有领域、子领域以及评估项进行了编码和排序。

每一个评估项的表达格式为“评估项代码＋评估项内容描述＋(适用的等级保护级别)”。例如：

SL1a　以习近平总书记的网络安全观为指导，认识网络安全工作的特点，准确把握和谋划网络安全工作(一级及以上系统)

一组评估项构成对应业绩目标的评估准则，并用表格形式给出，详见 2.1 节至 2.9 节内容。

为便于评估员理解、查阅和引用网络安全各领域及其子领域的业绩目标与准则，以及每一评估项与网络安全等级保护基本要求的对应关系，了解和掌握网络安全工作中的常见高风险问题及其整改建议，附录 B 列出了网络安全评估项与 GB/T 22239—2019 等级保护基本要求对照表，附录 C 列出了网络安全重点评估项编号/基本问题描述举例。

下面分别介绍所有评估领域和子领域的业绩目标与准则。

2.1 网络安全领导力业绩目标与评估准则

网络安全领导力(SL)领域的业绩目标是：构建高绩效的网络安全整体领导力，就企业网络安全观和安全承诺达成共识，明确网络安全组织与责任，建立网络安全综合防御体系，将网络安全纳入生产安全管理体系，加强网络安全专项规划与能力建设，保障网络安全目标的实现。该业绩目标的负责人是企业网信领导。

网络安全领导力包括6个子领域：网络安全观和承诺(SL1)、网络安全组织与责任(SL2)、网络安全防御体系(SL3)、网络安全支持和促进(SL4)、网络安全文化(SL5)和网络安全规划与能力建设(SL6)。本节详细介绍这些子领域的业绩目标和评估准则(评估项清单)。

2.1.1 网络安全观和承诺

1. 业绩目标

以总体国家安全观为指导，准确认识和把握网络安全的特点和规律，研究确定企业网络安全观，对企业安全工作目标和方针做出承诺。该业绩目标的负责人是企业网信领导(主要负责人)。

2. 评估准则

网络安全观和承诺评估准则由3个评估项组成，如表2-2所示。

表2-2 网络安全观和承诺评估准则

评估项代码	评估项内容描述(适用的等级保护级别)
SL1a	以习近平总书记的网络安全观为指导，认识网络安全工作的特点，准确把握和谋划网络安全工作(一级及以上系统)

续表

评估项代码	评估项内容描述(适用的等级保护级别)
SL1b	经常审视外部网络安全形势和威胁，评估自身网络安全风险、隐患和威胁(一级及以上系统)
SL1c	确定网络安全工作目标，对网络安全工作方针和政策做出承诺(一级及以上系统)

2.1.2　网络安全组织与责任

1. 业绩目标

按照《网络安全法》和上级主管部门的要求，结合企业自身安全管控需要，设置明确网络安全工作领导、管理和专业技术组织；按照“谁主管谁负责、谁建设谁负责、谁运营谁负责、谁使用谁负责”的原则，落实网络安全工作责任制，层层分解落实责任。该业绩目标的负责人是企业网信领导(主要负责人)。

2. 评估准则

网络安全组织与责任评估准则由 3 个评估项组成，如表 2-3 所示。

表 2-3　网络安全组织与责任评估准则

评估项代码	评估项内容描述(适用的等级保护级别)
SL2a	明确网络安全工作主体责任、分管责任、职能管理监督和运行监测责任(一级及以上系统)
SL2b	落实网络安全工作责任制，层层分解落实责任(一级及以上系统)
SL2c	建立网络安全绩效考核办法并有效执行(一级及以上系统)

2.1.3　网络安全防御体系

1. 业绩目标

构建全面有效的网络安全管理、技术、运维和监督四位一体综合防御体系，推动体系有效执行和不断完善。该业绩目标的负责人是网信领导(分管领导)。

2. 评估准则

网络安全防御体系评估准则由 3 个评估项组成，如表 2-4 所示。

表 2-4 网络安全组织与责任评估准则

评估项代码	评估项内容描述（适用的等级保护级别）
SL3a	建立企业网络安全管理、技术、运维和监督体系（一级及以上系统）
SL3b	推动体系执行的有效性检查，提出持续改进要求（一级及以上系统）
SL3c	通过网络安全同行评估等方式，发现体系设计或执行存在的问题，对标同行最佳实践，不断改进完善（一级及以上系统）

2.1.4 网络安全支持和促进

1. 业绩目标

为支持和促进网络安全工作目标的实现，保障必要和持续的网络安全资金和人力投入，协调和促进网络安全纳入生产安全管理工作体系，支持网络安全等级保护和关键信息基础设施保护工作。该业绩目标的负责人是网信领导（分管领导）。

2. 评估准则

网络安全支持和促进评估准则由 3 个评估项组成，如表 2-5 所示。

表 2-5 网络安全支持和促进评估准则

评估项代码	评估项内容描述（适用的等级保护级别）
SL4a	保证网络安全必要和持续的资金和人力投入（一级及以上系统）
SL4b	促进将网络安全纳入生产安全管理工作体系（一级及以上系统）
SL4c	以开展网络安全等级保护和关键信息基础设施保护工作为依托，持续推动风险、隐患和问题的发现和整改（一级及以上系统）

2.1.5 网络安全文化

1. 业绩目标

推动网络安全文化纳入公司安全文化工作体系，强化网络安全工作中的严、慎、细、实作风和习惯，促进与网络安全相关职能和业务工作的融合、分工与协作。该业绩目标的负责人是网信领导(分管领导)。

2. 评估准则

网络安全文化评估准则由 3 个评估项组成，如表 2-6 所示。

表 2-6　网络安全文化评估准则

评估项代码	评估项内容描述(适用的等级保护级别)
SL5a	促进网络安全工作中的严、慎、细、实作风(一级及以上系统)
SL5b	大力推行“网络安全人人有责，网络安全人人尽责”的全员网络安全防控理念(一级及以上系统)
SL5c	促进与反恐安防、物业管理、保密管理、舆情管控等内部部门、上级主管部门、外部标杆同行以及国家级权威专业技术机构之间的协同与合作(一级及以上系统)

2.1.6　网络安全规划与能力建设

1. 业绩目标

通过指导、推进和协调网络安全专项规划制订与实施，支持网络安全专业人才培养，建立网络安全实验室和测试验证平台，加快核心技术和关键产品的自主可控研发或升级改造等措施，持续提升网络安全保障能力。该业绩目标的负责人是网信领导(分管领导)。

2. 评估准则

网络安全规划与能力建设评估准则由 4 个评估项组成，如表 2-7 所示。

表 2-7　网络安全规划与能力评估准则

评估项代码	评估项内容描述(适用的等级保护级别)
SL6a	指导、推进和协调网络安全专项规划制订与实施(一级及以上系统)
SL6b	创造条件建立网络安全实验室、工控系统测试验证平台/靶场等基础设施(二级及以上系统)
SL6c	促进网络安全核心技术和关键产品的自主可控研发或升级改造工作(一级及以上系统)
SL6d	明确并支持网络安全专业人才的培养和能力提升(一级及以上系统)

2.2 安全物理环境业绩目标与评估准则

安全物理环境(PE)领域的业绩目标：制定和执行物理位置选择、物理访问控制、防盗窃、防破坏、机房物理防护和电力供应等方面的安全要求和技术规范，从设计源头保证物理环境的安全可靠，有效防范社会工程学攻击。该业绩目标的负责人是机房设施专业负责人。

安全物理环境领域包括物理位置选择(PE1)、物理访问控制(PE2)、机房物理防护(PE3)、电力供应(PE4)共 4 个子领域。本节详细介绍这些子领域的业绩目标和评估准则(评估项清单)。

2.2.1 物理位置选择

1. 业绩目标

明确并制定机房场地、无线接入设备、物联网感知节点设备、室外控制设备等物理位置安全要求，确保云计算基础设施和大数据设备机房位于中国境内，从防震、防风、防雨、防水、防潮、防火、防盗、防强热源、防电磁干扰以及电力供应等方面采取合适的措施，保证机房设备设施的物理安全。该业绩目标的负责人是机房设施设计和管理负责人。

2. 评估准则

物理位置选择评估准则由 11 个评估项组成，如表 2-8 所示。其中，粗体表示该评估项为重点评估项。

表 2-8 物理位置选择评估准则

评估项代码	评估项内容描述(适用的等级保护级别)
PE1a	机房场地应选择在具有防震、防风和防雨等能力的建筑内(二级及以上系统)
PE1b	机房场地应避免设在建筑物的顶层或地下室，否则应加强防水和防潮措施(二级及以上系统)
PE1c	**应保证云计算基础设施位于中国境内(一级及以上系统)**

续表

评估项代码	评估项内容描述(适用的等级保护级别)
PE1d	应为无线接入设备的安装选择合理位置,避免过度覆盖和电磁干扰(一级及以上系统)
PE1e	感知节点设备所处的物理环境应不对感知节点设备造成物理破坏,如挤压、强振动(一级及以上系统)
PE1f	感知节点设备在工作状态所处物理环境应能正确反映环境状态(如温湿度传感器不能安装在阳光直射区域)(一级及以上系统)
PE1g	感知节点设备在工作状态所处物理环境应不对感知节点设备的正常工作造成影响,如强干扰、阻挡、屏蔽等(三级及以上系统)
PE1h	关键感知节点设备应具有可供长时间工作的电力供应(关键网关节点设备应具有持久稳定的电力供应能力)(三级及以上系统)
PE1i	室外控制设备放置于用铁板或其他防火材料制作的箱体或装置中并紧固;箱体或装置具有透风、散热、防盗、防雨和防火能力等(一级及以上系统)
PE1j	室外控制备放置应远离强电磁干扰、强热源等环境。如无法避免,应及时做应急处置及检修,保证设备正常运行(一级及以上系统)
PE1k	应保证承载大数据存储、处理和分析的设备机房位于中国境内(二级及以上系统)

2.2.2 物理访问控制

1. 业绩目标

明确和执行机房物理访问与防盗窃、防破坏的安全要求、管理流程和记录表单,通过电子门禁系统、防盗报警系统、视频监控系统、专人值守等措施,实现机房出入安全控制,保证设备设施物理安全。该业绩目标的负责人是机房设施日常管理负责人。

2. 评估准则

物理访问控制评估准则由 11 个评估项组成,如表 2-9 所示。

表 2-9 物理访问控制评估准则

评估项代码	评估项内容描述(适用的等级保护级别)
PE2a	**机房出入口应配置电子门禁系统,控制、鉴别和记录进入的人员(三级及以上系统)**
PE2b	重要区域应配置第二道电子门禁系统,控制、鉴别和记录进入的人员(四级系统)
PE2c	应将设备或主要部件固定,并设置明显的、不易除去的标记(一级及以上系统)

续表

评估项代码	评估项内容描述（适用的等级保护级别）
PE2d	应将通信线缆铺设在隐蔽安全处（二级及以上系统）
PE2e	**应设置机房防盗报警系统或设置有专人值守的视频监控系统（三级及以上系统）**

2.2.3 机房物理防护

1. 业绩目标

明确和执行机房物理安全防护要求、管理流程和记录表单，包括防雷击、防火、防水、防潮、防静电、电磁防护和温湿度控制等措施，保证机房设备设施物理安全。该业绩目标的负责人是机房设施日常管理负责人。

2. 评估准则

机房物理防护评估准则由 13 个评估项组成，如表 2-10 所示。

表 2-10　机房物理防护评估准则

评估项代码	评估项内容描述（适用的等级保护级别）
PE3a	应将各类机柜、设施和设备等通过接地系统安全接地（一级及以上系统）
PE3b	应采取措施防止感应雷，例如设置防雷保安器或过压保护装置等（三级及以上系统）
PE3c	**机房应设置火灾自动消防系统，能够自动检测火情、自动报警并自动灭火（二级及以上系统）**
PE3d	机房及相关的工作房间和辅助房应采用具有耐火等级的建筑材料（二级及以上系统）
PE3e	应对机房划分区域进行管理，区域之间设置隔离防火措施（三级及以上系统）
PE3f	应采取措施防止雨水通过机房窗户、屋顶和墙壁渗透（一级及以上系统）
PE3g	应采取措施防止机房内水蒸气结露和地下积水的转移与渗透（二级及以上系统）
PE3h	应安装对水敏感的检测仪表或元件，对机房进行防水检测和报警（三级及以上系统）
PE3i	应采用防静电地板或地面并采用必要的接地防静电措施（二级及以上系统）
PE3j	应采取措施防止静电的产生，例如采用静电消除器、佩戴防静电手环等（三级及以上系统）
PE3k	应设置温湿度自动调节设施，使机房温湿度的变化在设备运行所允许的范围之内（二级及以上系统）
PE3l	电源线和通信线缆应隔离铺设，避免互相干扰（二级及以上系统）
PE3m	应对关键设备或关键区域实施电磁屏蔽（三级及以上系统）

2.2.4　电力供应

1. 业绩目标

通过配置稳压器和过电压防护设备、短期备用电力供应、设置冗余或并行供电线路和应急供电设施等措施，保证机房电力供应安全。该业绩目标的负责人是机房供配电专业工程师。

2. 评估准则

电力供应评估准则由 4 个评估项组成，如表 2-11 所示。

表 2-11　电力供应评估准则

评估项代码	评估项内容描述（适用的等级保护级别）
PE4a	应在机房供电线路上配置稳压器和过电压防护设备（一级及以上系统）
PE4b	**应提供短期的备用电力供应，至少满足设备在断电情况下的正常运行要求（二级及以上系统）**
PE4c	应设置冗余或并行的电力电缆线路为计算机系统供电（三级及以上系统）
PE4d	**应提供应急供电设施（四级系统）**

2.3　安全通信网络业绩目标与评估准则

安全通信网络（SN）领域的业绩目标是：制定和执行网络架构、通信传输、可信验证等方面的安全要求，以及云计算、工控系统、大数据等通信网络的安全扩展要求，从设计源头保证通信网络的安全。该业绩目标的负责人是网络专业负责人/通信物联网专业负责人。

安全通信网络领域包括网络架构（SN1）、云计算网络架构（SN2）、工控系统网络架构（SN3）、通信传输（SN4）、可信验证（SN5）、大数据安全通信网络（SN6）共 6 个子领域。本节详细介绍这些子领域的业绩目标和评估准则（评估项清单）。

2.3.1 网络架构

1. 业绩目标

制定和执行网络架构设计安全要求、管理流程和记录表单，从网络架构设计、网络区域间隔离、设备、线路、IP 地址和带宽管理等方面采取措施，保证网络整体性能和安全可控。该业绩目标的负责人是网络架构师/网络专业负责人。

2. 评估准则

网络架构评估准则由 6 个评估项组成，如表 2-12 所示。

表 2-12 网络架构评估准则

评估项代码	评估项内容描述(适用的等级保护级别)
SN1a	**应保证网络设备的业务处理能力满足业务高峰期需要(三级及以上系统)**
SN1b	应保证网络各个部分的带宽满足业务高峰期需要(三级及以上系统)
SN1c	**应划分不同的网络区域，并按照方便管理和控制的原则为各网络区域分配地址(二级及以上系统)**
SN1d	**应避免将重要网络区域部署在网络边界处，重要网络区域与其他网络区域之间应采取可靠的技术隔离手段(二级及以上系统)**
SN1e	**应提供通信线路、关键网络设备和关键计算设备的硬件冗余，保证系统的可用性(三级及以上系统)**
SN1f	应按照业务服务的重要程度分配带宽，优先保障重要业务(四级系统)

2.3.2 云计算网络架构

1. 业绩目标

制定和执行云计算网络架构安全要求、管理流程和记录表单，通过虚拟网络隔离，提供通信传输、边界防护和入侵防范等安全机制，自主设置安全策略，提供开发接口或开放性服务，设置安全标记和强制访问控制规则、通信协议转换或隔离以及独立资源池等措施，保证云计算网络架构使用安全。该业绩目标的负责人是系统/云计算负责人。

2. 评估准则

云计算网络架构评估准则由 8 个评估项组成，如表 2-13 所示。

表 2-13　云计算网络架构评估准则

评估项代码	评估项内容描述（适用的等级保护级别）
SN2a	**应保证云计算平台不承载高于其安全保护等级的业务应用系统（一级及以上系统）**
SN2b	应实现不同云服务客户虚拟网络之间的隔离（一级及以上系统）
SN2c	应具有根据云服务客户业务需求提供通信传输、边界防护、入侵防范等安全机制的能力（二级及以上系统）
SN2d	应具有根据云服务客户业务需求自主设置安全策略的能力，包括定义访问路径、选择安全组件、配置安全策略（三级及以上系统）
SN2e	应提供开放接口或开放性安全服务，允许云服务客户接入第三方安全产品或在云计算平台选择第三方安全服务（三级及以上系统）
SN2f	应提供对虚拟资源的主体和客体设置安全标记的能力，保证云服务客户可以依据安全标记和强制访问控制规则确定主体对客体的访问（四级系统）
SN2g	应提供通信协议转换或通信协议隔离等的数据交换方式，保证云服务客户可以根据业务需求自主选择边界数据交换方式（四级系统）
SN2h	应为第四级业务应用系统划分独立的资源池（四级系统）

2.3.3　工控系统网络架构

1. 业绩目标

制定和执行工控系统网络架构安全要求、管理流程和记录表单，通过落实“安全分区、网络专用、横向隔离、纵向认证”设计原则，采用独立组网、物理断开或单向隔离等措施，保证工控系统网络架构安全。该业绩目标的负责人是网络架构师/工控系统专业负责人。

2. 评估准则

工控系统网络架构评估准则由 3 个评估项组成，如表 2-14 所示。

表 2-14　工控系统网络架构评估准则

评估项代码	评估项内容描述(适用的等级保护级别)
SN3a	将工控系统与企业其他系统划分为两个区域,区域间应采用符合国家或行业规定的专用产品实现单向安全隔离(四级系统)
SN3b	工控系统内部应根据业务特点划分为不同的安全域,安全域之间应采用技术隔离手段(一级及以上系统)
SN3c	涉及实时控制和数据传输的工业控制系统应使用独立的网络设备组网,在物理层面上实现与其他数据网及外部公共信息网的安全隔离(二级及以上系统)

2.3.4　通信传输

1. 业绩目标

制定和执行通信传输安全要求、管理流程和记录表单,通过应用密码技术,保证通信传输过程中数据的完整性和保密性。该业绩目标的负责人是网络专业负责人。

2. 评估准则

通信传输评估准则由 5 个评估项组成,如表 2-15 所示。

表 2-15　通信传输评估准则

评估项代码	评估项内容描述(适用的等级保护级别)
SN4a	**应采用密码技术保证通信过程中数据的完整性(四级系统)**
SN4b	**应采用密码技术保证通信过程中数据的保密性(三级及以上系统)**
SN4c	应在通信前基于密码技术对通信的双方进行验证或认证(四级系统)
SN4d	应基于硬件密码模块对重要通信过程进行密码运算和密钥管理(四级系统)
SN4e	在工业控制系统内使用广域网进行控制指令或相关数据交换时,应采用加密认证技术手段实现身份认证、访问控制和数据加密传输(二级及以上系统)

2.3.5　可信验证

1. 业绩目标

根据系统定级选择不同级别的可信验证安全机制。该业绩目标的负责人是系统/云计算专业负责人。

2. 评估准则

可信验证评估准则有一个评估项，如表 2-16 所示。

表 2-16　安全通信网络可信验证评估准则

评估项代码	评估项内容描述（适用的等级保护级别）
SN5a	可基于可信根对通信设备的系统引导程序、系统程序、重要配置参数和通信应用程序等进行可信验证，**并在应用程序的所有执行环节进行动态可信验证**，在检测到其可信性受到破坏后进行报警，将验证结果形成审计记录送至安全管理中心，**并进行动态关联感知**（四级系统）

2.3.6　大数据安全通信网络

1. 业绩目标

通过保证大数据平台不承载高于其安全保护等级的大数据应用、分离大数据平台管理流量和系统业务流量等措施，保证大数据通信网络安全。该业绩目标的负责人是数据/系统/网络专业负责人。

2. 评估准则

大数据安全通信网络评估准则由两个评估项组成，如表 2-17 所示。

表 2-17　大数据安全通信网络评估准则

评估项代码	评估项内容描述（适用的等级保护级别）
SN6a	应保证大数据平台不承载高于其安全保护等级的大数据应用（二级及以上系统）
SN6b	应保证大数据平台的管理流量与系统业务流量分离（三级及以上系统）

2.4　安全区域边界业绩目标与评估准则

安全区域边界（RB）领域的业绩目标是：制定和执行边界防护、访问控制、入侵和恶意代码防范、垃圾邮件防范、安全审计和可信验证等方面的安全要求，以及云计算、移动互联、物联网和工控系统等边界防护的扩展要求，从设计源头保证区域边界的安全。该业绩目标的负责人是网络专业负责人。

安全区域边界领域包括8个子领域：边界防护（RB1），边界访问控制（RB2），入侵、恶意代码和垃圾邮件防范（RB3），边界安全审计和可信验证（RB4），云计算边界入侵防范（RB5），移动互联边界防护和入侵防范（RB6），物联网边界入侵防范和接入控制（RB7），工控系统边界防护（RB8）。本节详细介绍这些子领域的业绩目标和评估准则（评估项清单）。

2.4.1 边界防护

1. 业绩目标

制定和执行边界防护安全要求、管理流程和记录表单，通过部署访问控制设备、非授权设备接入控制、用户非授权外联控制、无线网络管控和入网可信验证等措施，增强边界防护能力。该业绩目标的负责人是网络专业负责人。

2. 评估准则

边界防护评估准则由6个评估项组成，如表2-18所示。

表2-18 边界防护评估准则

评估项代码	评估项内容描述（适用的等级保护级别）
RB1a	应保证跨越边界的访问和数据流通过边界设备提供的受控接口进行通信（一级及以上系统）
RB1b	应能够对非授权设备私自联到内部网络的行为进行检查或限制（三级及以上系统）
RB1c	应能够对内部用户非授权联到外部网络的行为进行检查或限制（三级及以上系统）
RB1d	**应限制无线网络的使用，确保无线网络通过受控的边界设备接入内部网络（三级及以上系统）**
RB1e	应能够在发现非授权设备私自联到内部网络的行为或内部用户非授权联到外部网络的行为时对其进行有效阻断（四级系统）
RB1f	应采用可信验证机制对接入网络中的设备进行可信验证，保证接入网络的设备真实可信（四级系统）

2.4.2　边界访问控制

1. 业绩目标

制定和执行边界访问控制安全要求、管理流程和记录表单，通过设置和优化访问控制规则、访问控制规则最小化、数据流进出控制、边界数据交换控制、接入认证和监控预警等措施，保证包括云计算、移动互联和工控系统等网络边界访问控制安全。该业绩目标的负责人是网络专业负责人。

2. 评估准则

边界访问控制评估准则由 10 个评估项组成，如表 2-19 所示。

表 2-19　边界访问控制评估准则

评估项代码	评估项内容描述（适用的等级保护级别）
RB2a	**应在网络边界或区域之间根据控制策略设置访问控制规则，默认情况下除允许的通信外受控接口拒绝所有通信（二级及以上系统）**
RB2b	应删除多余或无效的访问控制规则，优化访问控制列表，并保证访问控制规则数量最小化（一级及以上系统）
RB2c	应对源地址、目的地址、源端口、目的端口和协议等进行检查，以允许/拒绝数据包进出（一级及以上系统）
RB2d	应能根据会话状态信息为进出数据流提供明确的允许/拒绝访问的能力（二级及以上系统）
RB2e	应在网络边界通过通信协转换或通信协议隔离等方式进行数据交换（四级系统）
RB2f	应在虚拟化网络边界部署访问控制机制，并设置访问控制规则（一级及以上系统）
RB2g	应在不同等级的网络区域边界部署访问控制机制，设置访问控制规则（二级及以上系统）
RB2h	无线接入设备应开启接入认证功能，并支持采用认证服务器进行认证或国家密码管理机构批准的密码模块进行认证（三级及以上系统）
RB2i	应在工业控制系统与企业其他系统之间部署访问控制设备，配置访问控制策略，禁止任何穿越区域边界的 e-mail、Web、telnet、rlogin、FTP 等通用网络服务（一级及以上系统）
RB2j	应在工业控制系统内安全域和安全域之间的边界防护机制失效时及时进行报警（二级及以上系统）

2.4.3 入侵、恶意代码和垃圾邮件防范

1. 业绩目标

制定和执行防范入侵、恶意代码和垃圾邮件的安全要求、管理流程和记录表单，通过抗 APT 攻击、网络回溯、威胁情报检测、抗 DDoS 攻击和入侵保护、病毒网关和防垃圾邮件网关等措施，有效防范和控制内外部入侵、恶意代码和垃圾邮件等安全危害。该业绩目标的负责人是网络专业负责人。

2. 评估准则

入侵、恶意代码和垃圾邮件防范评估准则由 6 个评估项组成，如表 2-20 所示。

表 2-20 入侵、恶意代码和垃圾邮件防范评估准则

评估项代码	评估项内容描述(适用的等级保护级别)
RB3a	**应在关键网络节点处检测、防止或限制从外部发起的网络攻击行为(三级及以上系统)**
RB3b	**应在关键网络节点处检测、防止或限制从内部发起的网络攻击行为(三级及以上系统)**
RB3c	应采取技术措施对网络行为进行分析，实现对网络攻击特别是新型网络攻击行为的分析(三级及以上系统)
RB3d	当检测到攻击行为时，记录攻击源 IP 地址、攻击类型、攻击目标、攻击时间，在发生严重入侵事件时应提供报警(三级及以上系统)
RB3e	**应在关键网络节点处对恶意代码进行检测和清除，并维护恶意代码防护机制的升级和更新(二级及以上系统)**
RB3f	应在关键网络节点处对垃圾邮件进行检测和防护，并维护垃圾邮件防护机制的升级和更新(三级及以上系统)

2.4.4 边界安全审计和可信验证

1. 业绩目标

制定和执行网络边界安全审计和可信验证技术要求、管理流程和记录表单，通过应用综合安全审计系统、堡垒机等系统以及审计记录保护和备份，实现边界安全审计和可信验证。该业绩目标的负责人是网络/安全监测专业负责人。

2. 评估准则

边界安全审计和可信验证评估准则由 6 个评估项组成，如表 2-21 所示。

表 2-21　边界安全审计和可信验证评估准则

评估项代码	评估项内容描述（适用的等级保护级别）
RB4a	**应在网络边界、重要网络节点进行安全审计，审计覆盖到每个用户，对重要的用户行为和重要的安全事件进行审计（二级及以上系统）**
RB4b	审计记录应包括事件的日期和时间、用户、事件类型、事件是否成功及其他与审计相关的信息（二级及以上系统）
RB4c	应对审计记录进行保护，定期备份，避免受到未预期的删除、修改或覆盖等（二级及以上系统）
RB4d	应对云服务商和云服务客户在远程管理时执行的特权命令进行审计，至少包括虚拟机删除、虚拟机重启（二级及以上系统）
RB4e	应保证云服务商对云服务客户系统和数据的操作可被云服务客户审计（二级及以上系统）
RB4f	可基于可信根对边界设备的系统引导程序、系统程序、重要配置参数和边界防护应用程序等进行可信验证，并在应用程序的所有执行环节进行动态可信验证，在检测到其可信性受到破坏后进行报警，将验证结果形成审计记录送至安全管理中心，并进行动态关联感知（四级系统）

2.4.5　云计算边界入侵防范

1. 业绩目标

制定和执行云计算边界入侵防范安全扩展要求、管理流程和记录表单，通过对网络攻击行为和异常流量的检测、记录和告警等方式，增强云计算边界入侵防范能力。该业绩目标的负责人是系统/云计算专业负责人。

2. 评估准则

云计算边界入侵防范评估准则由 4 个评估项组成，如表 2-22 所示。

表 2-22　云计算边界入侵防范评估准则

评估项代码	评估项内容描述（适用的等级保护级别）
RB5a	应能检测到云服务客户发起的网络攻击行为，并能记录攻击类型、攻击时间、攻击流量等（二级及以上系统）

续表

评估项代码	评估项内容描述(适用的等级保护级别)
RB5b	应能检测到对虚拟网络节点的网络攻击行为,并能记录攻击类型、攻击时间、攻击流量等(二级及以上系统)
RB5c	应能检测到虚拟机与宿主机、虚拟机与虚拟机之间的异常流量(二级及以上系统)
RB5d	应在检测到网络攻击行为、异常流量情况时进行告警(三级及以上系统)

2.4.6 移动互联边界防护和入侵防范

1. 业绩目标

制定和执行移动互联边界防护和入侵防范安全扩展要求、管理流程和记录表单,通过无线接入网关、终端准入控制、移动终端管理、抗 APT/DDos 攻击、网络回溯和威胁情报检测等措施,增强移动互联边界防护和入侵防范能力。该业绩目标的负责人是网络专业负责人。

2. 评估准则

移动互联边界防护和入侵防范评估准则由 7 个评估项组成,如表 2-23 所示。

表 2-23 移动互联边界防护和入侵防范评估准则

评估项代码	评估项内容描述(适用的等级保护级别)
RB6a	应保证有线网络与无线网络边界之间的访问和数据流通过无线接入网关设备(一级及以上系统)
RB6b	应能够检测到非授权无线接入设备和非授权移动终端的接入行为(二级及以上系统)
RB6c	应能够检测到针对无线接入设备的网络扫描、DDoS 攻击、密钥破解、中间人攻击和欺骗攻击等行为(二级及以上系统)
RB6d	应能够检测到无线接入设备的 SSID 广播、WPS 等高风险功能的开启状态(二级及以上系统)
RB6e	应禁用无线接入设备和无线接入网关存在风险的功能,如 SSID 广播、WEP 认证等(二级及以上系统)
RB6f	应禁止多个接入点使用同一个鉴别密钥(二级及以上系统)
RB6g	应能够定位和阻断非授权无线接入设备或非授权移动终端(三级及以上系统)

2.4.7　物联网边界入侵防范和接入控制

1. 业绩目标

制定和执行物联网边界入侵防范和接入控制安全扩展要求、管理流程和记录表单，通过通信目的地址限制、渗透测试、设备接入控制等措施，增强物联网感知和网关节点设备的边界入侵防范能力。该业绩目标的负责人是通信/物联网专业负责人。

2. 评估准则

物联网边界入侵防范和接入控制评估准则由 3 个评估项组成，如表 2-24 所示。

表 2-24　物联网边界入侵防范和接入控制评估准则

评估项代码	评估项内容描述（适用的等级保护级别）
RB7a	应能够限制与感知节点通信的目的地址，以避免对陌生地址的攻击行为（二级及以上系统）
RB7b	应能够限制与网关节点通信的目的地址，以避免对陌生地址的攻击行为（二级及以上系统）
RB7c	应保证只有授权的感知节点可以接入（一级及以上系统）

2.4.8　工控系统边界防护

1. 业绩目标

制定和执行工控系统边界防护安全扩展要求、管理流程和记录表单，通过对拨号服务类设备、无线通信用户身份鉴别和授权、传输加密、未经授权无线设备识别等安全管理与控制措施，增强工控系统边界防护能力。该业绩目标的负责人是工控系统专业负责人。

2. 评估准则

工控系统边界防护评估准则由 7 个评估项组成，如表 2-25 所示。

表 2-25　工控系统边界防护评估准则

评估项代码	评估项内容描述(适用的等级保护级别)
RB8a	工控系统确需使用拨号访问服务的,应限制具有拨号访问权限的用户数量,并采取用户身份鉴别和访问控制等措施(二级及以上系统)
RB8b	拨号服务器和客户端均应使用经安全加固的操作系统,并采取数字证书认证、传输加密和访问控制等措施(三级及以上系统)
RB8c	涉及实时控制和数据传输的工控系统禁止使用拨号访问服务(四级系统)
RB8d	应对所有参与无线通信的用户(人员、软件进程或者设备)提供唯一性标识和鉴别(一级及以上系统)
RB8e	应对所有参与无线通信的用户(人员、软件进程或者设备)进行授权以及对执行和使用进行限制(二级及以上系统)
RB8f	应对无线通信采取传输加密的安全措施,实现传输报文的机密性保护(三级及以上系统)
RB8g	对采用无线通信技术进行控制的工控系统,应能识别其物理环境中发射的未经授权的无线设备,报告未经授权试图接入或干扰工控系统的行为(三级及以上系统)

2.5　安全计算环境业绩目标与评估准则

安全计算环境(CE)领域的业绩目标是:制定和执行身份鉴别、访问控制、安全审计和可信验证、入侵和恶意代码防范、数据完整性和保密性、数据备份恢复、剩余信息和个人信息保护等方面的安全要求,以及云计算、移动应用、物联网、工控系统和大数据等计算环境的扩展要求,从设计源头保证计算环境的数据、信息和系统安全。该业绩目标的负责人是数据/应用/系统/云计算专业负责人。

安全计算环境领域包括身份鉴别(CE1)、访问控制(CE2)、安全审计和可信验证(CE3)、入侵和恶意代码防范(CE4)、数据完整性和保密性(CE5)、数据备份恢复(CE6)、剩余信息和个人信息保护(CE7)、云计算环境镜像和快照保护(CE8)、移动终端和应用管控(CE9)、物联网设备和数据安全(CE10)、工控系统控制设备安全(CE11)、大数据安全计算环境(CE12)共 12 个子领域。本节详细介绍这些子领域的业绩目标和评估准则(评估项清单)。

2.5.1　身份鉴别

1. 业绩目标

制定并启用用户身份标识、身份鉴别、登录失败处理、远程管理、防窃听鉴别信息、密码技术组合鉴别、双向身份验证机制等安全控制措施，确保授权用户才能登录授权系统。该业绩目标的负责人是应用/系统/云计算专业负责人。

2. 评估准则

身份鉴别评估准则由 5 个评估项组成，如表 2-26 所示。

表 2-26　身份鉴别评估准则

评估项代码	评估项内容描述（适用的等级保护级别）
CE1a	**应对登录的用户进行身份标识和鉴别，身份标识具有唯一性，身份鉴别信息具有复杂度要求并定期更换（一级及以上系统）**
CE1b	**应具有登录失败处理功能，应配置并启用结束会话、限制非法登录次数和登录连接超时自动退出等相关措施（一级及以上系统）**
CE1c	**当进行远程管理时，应采取必要措施防止鉴别信息在网络传输过程中被窃听（二级及以上系统）**
CE1d	**应采用口令、密码技术、生物技术等两种或两种以上组合的鉴别技术对用户进行身份鉴别，且其中一种鉴别技术至少应使用密码技术实现（三级及以上系统）**
CE1e	当远程管理云计算平台中的设备时，管理终端和云计算平台之间应建立双向身份验证机制（三级及以上系统）

2.5.2　访问控制

1. 业绩目标

制定并执行用户账户和权限分配、默认账户及口令管理、多余/过期/共享账户管控、管理用户权限分离、访问控制策略、主体对客体的访问控制规则等安全要求和流程表单，保证访问控制措施的有效性。该业绩目标的负责人是系统/云计算专业负责人。

2. 评估准则

访问控制评估准则由 9 个评估项组成，如表 2-27 所示。

表 2-27　访问控制评估准则

评估项代码	评估项内容描述（适用的等级保护级别）
CE2a	应对登录的用户分配账户和权限（一级及以上系统）
CE2b	**应重命名或删除默认账户，修改默认账户的默认口令（一级及以上系统）**
CE2c	应及时删除或停用多余的、过期的账户，避免共享账户的存在（一级及以上系统）
CE2d	应授予管理用户所需的最小权限，实现管理用户的权限分离（二级及以上系统）
CE2e	**应由授权主体配置访问控制策略，访问控制策略规定主体对客体的访问规则（三级及以上系统）**
CE2f	访问控制的粒度应达到：主体为用户级或进程级，客体为文件、数据库表级（三级及以上系统）
CE2g	应对主体、客体设置安全标记，并依据安全标记和强制访问控制规则确定主体对客体的访问（四级系统）
CE2h	应保证当虚拟机迁移时访问控制策略随其迁移（一级及以上系统）
CE2i	应允许云服务客户设置不同虚拟机之间的访问控制策略（一级及以上系统）

2.5.3　安全审计和可信验证

1. 业绩目标

对每个用户启用安全审计，对重要的用户行为和安全事件进行审计，防止审计进程中断，审计记录完整并备份保护；根据安全保护对象的安全保护等级启用相应级别的可信验证措施。该业绩目标的负责人是安全监测/系统/云计算专业负责人。

2. 评估准则

安全审计和可信验证评估准则由 5 个评估项组成，如表 2-28 所示。

表 2-28　安全审计和可信验证评估准则

评估项代码	评估项内容描述（适用的等级保护级别）
CE3a	**应启用安全审计功能，审计覆盖到每个用户，对重要的用户行为和重要的安全事件进行审计（二级及以上系统）**
CE3b	审计记录应包括事件的日期和时间、事件类型、主体标识、客体标识和结果等（二级及以上系统）

续表

评估项代码	评估项内容描述(适用的等级保护级别)
CE3c	**应对审计记录进行保护,定期备份,避免受到未预期的删除、修改或覆盖等(二级及以上系统)**
CE3d	应对审计进程进行保护,防止未经授权的中断(三级及以上系统)
CE3e	可基于可信根对计算设备的系统引导程序、系统程序、重要配置参数和应用程序等进行可信验证,并在应用程序的所有执行环节进行动态可信验证,在检测到其可信性受到破坏后进行报警,将验证结果形成审计记录送至安全管理中心,并进行动态关联感知(四级系统)

2.5.4　入侵和恶意代码防范

1. 业绩目标

推行最小安装原则,关闭不需要的系统服务、默认共享和高危端口,限制管理终端接入方式或网络地址范围,对人机接口或通信接口输入内容进行有效性检验,核查和修补高风险漏洞,重要节点和虚拟机防入侵,采用主动免疫可信验证机制,增强入侵和恶意代码防范能力。该业绩目标的负责人是系统/云计算专业负责人。

2. 评估准则

入侵和恶意代码防范评估准则由 10 个评估项组成,如表 2-29 所示。

表 2-29　入侵和恶意代码防范评估准则

评估项代码	评估项内容描述(适用的等级保护级别)
CE4a	应遵循最小安装的原则,仅安装需要的组件和应用程序(一级及以上系统)
CE4b	**应关闭不需要的系统服务、默认共享和高危端口(一级及以上系统)**
CE4c	**应通过设定终端接入方式或网络地址范围对通过网络进行管理的管理终端进行限制(二级及以上系统)**
CE4d	**应提供数据有效性检验功能,保证通过人机接口输入或通过通信接口输入的内容符合系统设定要求(二级及以上系统)**
CE4e	**应能发现可能存在的已知漏洞,并在经过充分测试评估后及时修补漏洞(二级及以上系统)**
CE4f	应能够检测对重要节点的入侵行为,并在发生严重入侵事件时提供报警(三级及以上系统)

续表

评估项代码	评估项内容描述(适用的等级保护级别)
CE4g	应能够检测虚拟机之间的资源隔离失效,并进行告警(三级及以上系统)
CE4h	应能够检测非授权新建虚拟机或者重新启用虚拟机,并进行告警(三级及以上系统)
CE4i	应能够检测恶意代码感染及在虚拟机间蔓延的情况,并进行告警(三级及以上系统)
CE4j	**应采用主动免疫可信验证机制及时识别入侵和病毒行为,并将其有效阻断(四级系统)**

2.5.5 数据完整性和保密性

1. 业绩目标

推进(国产)密码技术应用,对鉴别数据、重要的业务/审计/配置/视频/个人等信息,保证其在传输、存储和应用以及云服务模式下的完整性、保密性和合规性。该业绩目标的负责人是数据/系统/云计算专业负责人。

2. 评估准则

数据完整性和保密性评估准则由 9 个评估项组成,如表 2-30 所示。

表 2-30 数据完整性和保密性评估准则

评估项代码	评估项内容描述(适用的等级保护级别)
CE5a	**应采用校验技术或密码技术保证重要数据在传输过程中的完整性,包括但不限于鉴别数据、重要业务数据、重要审计数据、重要配置数据、重要视频数据和重要个人信息等(三级及以上系统)**
CE5b	应采用密码技术保证重要数据在存储过程中的完整性,包括但不限于鉴别数据、重要业务数据、重要审计数据、重要配置数据、重要视频数据和重要个人信息等(三级及以上系统)
CE5c	在可能涉及法律责任认定的应用中,应采用密码技术提供数据原发证据和数据接收证据,实现数据原发行为的抗抵赖性和数据接收行为的抗抵赖性(四级系统)
CE5d	**应采用密码技术保证重要数据在传输过程中的保密性,包括但不限于鉴别数据、重要业务数据和重要个人信息等(三级及以上系统)**
CE5e	**应采用密码技术保证重要数据在存储过程中的保密性,包括但不限于鉴别数据、重要业务数据和重要个人信息等(三级及以上系统)**
CE5f	**应确保云服务客户数据、用户个人信息等存储于中国境内,如需出境应遵循国家相关规定(一级及以上系统)**

续表

评估项代码	评估项内容描述(适用的等级保护级别)
CE5g	应保证只有在云服务客户授权下,云服务商或第三方才具有云服务客户数据的管理权限(二级及以上系统)
CE5h	应采用校验技术或密码技术保证虚拟机迁移过程中重要数据的完整性,并在检测到完整性受到破坏时采取必要的恢复措施(三级及以上系统)
CE5i	应支持云服务客户部署密钥管理解决方案,保证云服务客户自行实现数据的加解密过程(三级及以上系统)

2.5.6　数据备份恢复

1. 业绩目标

建立和执行数据中心(包括租用云服务)数据备份恢复安全要求、操作流程和记录表单,实现重要系统热冗余以及重要数据的本地备份和恢复、异地实时备份、异地灾难备份等,保证系统和数据的高可用性以及业务的连续性。该业绩目标的负责人是数据/系统/云计算专业负责人。

2. 评估准则

数据备份恢复评估准则由 8 个评估项组成,如表 2-31 所示。

表 2-31　数据备份恢复评估准则

评估项代码	评估项内容描述(适用的等级保护级别)
CE6a	**应提供重要数据的本地数据备份与恢复功能(一级及以上系统)**
CE6b	**应提供异地实时备份功能,利用通信网络将重要数据实时备份至备份场地(三级及以上系统)**
CE6c	**应提供重要数据处理系统的热冗余,保证系统的高可用性(三级及以上系统)**
CE6d	**应建立异地灾难备份中心,提供业务应用的实时切换(四级系统)**
CE6e	云服务客户应在本地保存其业务数据的备份(二级及以上系统)
CE6f	应提供查询云服务客户数据及备份存储位置的能力(二级及以上系统)
CE6g	云服务商的云存储服务应保证云服务客户数据存在若干个可用的副本,各副本之间的内容应保持一致(三级及以上系统)
CE6h	应为云服务客户将业务系统及数据迁移到其他云计算平台和本地系统提供技术手段,并协助完成迁移过程(三级及以上系统)

2.5.7 剩余信息和个人信息保护

1. 业绩目标

明确并执行剩余信息和个人信息保护的安全要求、操作流程和记录表单，保护鉴别信息、敏感数据和用户个人信息在采集、存储、使用、备份或删除全生命周期中的信息安全。该业绩目标的负责人是数据/应用/系统/云计算专业负责人。

2. 评估准则

剩余信息和个人信息保护评估准则由 6 个评估项组成，如表 2-32 所示。

表 2-32 剩余信息和个人信息保护评估准则

评估项代码	评估项内容描述（适用的等级保护级别）
CE7a	**应保证鉴别信息所在的存储空间被释放或重新分配前得到完全清除（二级及以上系统）**
CE7b	**应保证存有敏感数据的存储空间被释放或重新分配前得到完全清除（三级及以上系统）**
CE7c	应保证虚拟机使用的内存和存储空间回收时得到完全清除（二级及以上系统）
CE7d	云服务客户删除业务应用数据时，云计算平台应将云存储中的所有副本删除（二级及以上系统）
CE7e	**应仅采集和保存业务必需的用户个人信息（二级及以上系统）**
CE7f	**应禁止未授权访问和非法使用用户个人信息（二级及以上系统）**

2.5.8 云计算环境镜像和快照保护

1. 业绩目标

明确并执行虚拟机镜像和快照的安全要求、管理流程和记录表单，采取操作系统安全加固、完整性校验和密码技术等手段，防止镜像或快照被恶意篡改或非法访问。该业绩目标的负责人是系统/云计算专业负责人。

2. 评估准则

云计算环境镜像和快照保护评估准则由 3 个评估项组成，如表 2-33 所示。

表 2-33　云计算环境镜像和快照保护评估准则

评估项代码	评估项内容描述（适用的等级保护级别）
CE8a	应针对重要业务系统提供加固的操作系统镜像或操作系统安全加固服务（二级及以上系统）
CE8b	应提供虚拟机镜像、快照完整性校验功能，防止虚拟机镜像被恶意篡改（二级及以上系统）
CE8c	应采取密码技术或其他技术手段防止虚拟机镜像、快照中可能存在的敏感资源被非法访问（三级及以上系统）

2.5.9　移动终端和应用管控

1. 业绩目标

明确移动终端和应用管控安全要求、管理流程和记录表单，通过移动终端管理系统、证书签名和白名单等方式对移动终端和应用软件实施安全管控，有效防范针对移动终端和应用的社会工程学攻击。该业绩目标的负责人是客服/系统/云计算专业负责人。

2. 评估准则

移动终端和应用管控评估准则由 7 个评估项组成，如表 2-34 所示。

表 2-34　移动终端和应用管控评估准则

评估项代码	评估项内容描述（适用的等级保护级别）
CE9a	应保证移动终端安装、注册并运行终端管理客户端软件（三级及以上系统）
CE9b	移动终端应接受移动终端管理服务端的设备生命周期管理、设备远程控制，如远程锁定、远程擦除等（三级及以上系统）
CE9c	应保证移动终端只用于处理指定业务（四级系统）
CE9d	应具有选择应用软件安装、运行的功能（一级及以上系统）
CE9e	应只允许系统管理者指定证书签名的应用软件安装和运行（二级及以上系统）
CE9f	应具有软件白名单功能，应能根据白名单控制应用软件安装、运行（三级及以上系统）
CE9g	应具有接受移动终端管理服务端推送的移动应用软件管理策略并根据该策略对软件实施管控的能力（四级系统）

2.5.10 物联网设备和数据安全

1. 业绩目标

制定并执行物联网感知和网关等节点设备以及应用系统的安全策略、管理流程和记录表单，通过软件应用配置控制、身份标识和鉴别、关键密钥和配置参数在线更新、抗数据重放攻击等措施，保证物联网设备和数据安全。该业绩目标的负责人是物联网/系统/云计算专业负责人。

2. 评估准则

物联网设备和数据安全评估准则由 11 个评估项组成，如表 2-35 所示。

表 2-35 物联网设备和数据安全评估准则

评估项代码	评估项内容描述（适用的等级保护级别）
CE10a	应保证只有授权的用户才可以对感知节点设备上的软件应用进行配置或变更（三级及以上系统）
CE10b	应具有对其连接的网关节点设备（包括读卡器）进行身份标识和鉴别的能力（三级及以上系统）
CE10c	应具有对其连接的其他感知节点设备（包括路由节点）进行身份标识和鉴别的能力（三级及以上系统）
CE10d	应具有对合法连接设备（包括终端节点、路由节点、数据处理中心）进行标识和鉴别的能力（三级及以上系统）
CE10e	应具有过滤非法节点和伪造节点所发送的数据的能力（三级及以上系统）
CE10f	授权用户应能够在设备使用过程中对关键密钥进行在线更新（三级及以上系统）
CE10g	授权用户应能够在设备使用过程中对关键配置参数进行在线更新（三级及以上系统）
CE10h	应能够鉴别数据的新鲜性，避免历史数据的重放攻击（三级及以上系统）
CE10i	应能够鉴别历史数据的非法修改，避免数据的修改重放攻击（三级及以上系统）
CE10j	应对来自传感网的数据进行数据融合处理，使不同种类的数据可以在同一个平台被使用（三级及以上系统）
CE10k	应对不同数据之间的依赖关系和制约关系等（如一类数据达到某个门限时会影响对另一类数据采集终端的管理指令）进行智能处理（四级系统）

2.5.11 工控系统控制设备安全

1. 业绩目标

明确不同等级工控系统控制设备的安全要求、安全策略、控制措施和记录表单，通过身份鉴别、访问控制、安全审计、外设和端口最少化、上线前或维修中安全性检测或评估等方式，保证工控系统控制设备的安全运行和维护管理。该业绩目标的负责人是工控系统/系统专业负责人。

2. 评估准则

工控系统控制设备安全评估准则由5个评估项组成，如表2-36所示。

表2-36 工控系统控制设备安全评估准则

评估项代码	评估项内容描述（适用的等级保护级别）
CE11a	控制设备自身应实现相应级别安全通用要求提出的身份鉴别、访问控制和安全审计等安全要求，如控制设备受条件限制无法实现上述要求，应由其上位控制或管理设备实现同等功能或通过管理手段控制（一级及以上系统）
CE11b	应在经过充分测试评估后，在不影响系统安全稳定运行的情况下对控制设备进行补丁更新、固件更新等工作（一级及以上系统）
CE11c	应关闭或拆除控制设备的软盘驱动器、光盘驱动器、USB接口、串行口或多余网口等，确需保留的应通过相关的技术措施实施严格的监控管理（三级及以上系统）
CE11d	应使用专用设备和专用软件对控制设备进行更新（三级及以上系统）
CE11e	应保证控制设备在上线前经过安全性检测，避免控制设备固件中存在恶意代码（三级及以上系统）

2.5.12 大数据安全计算环境

1. 业绩目标

依据行业相关数据分类分级规则，制定分级分类保护安全策略；建立和执行大数据平台、大数据应用和数据管理系统等安全要求、管理流程和记录表单，通过身份鉴别、访问控制、安全标记、数据脱敏、数据溯源、清洗转换控制、隔离存放、故障屏蔽、区分处置和集中管控等措施，保证大数据计算环境及其应用安全。该业绩目标的负责人是数据/系统/云计算专业负责人。

2. 评估准则

大数据安全计算环境评估准则由 15 个评估项组成，如表 2-37 所示。

表 2-37 大数据安全计算环境评估准则

评估项代码	评估项内容描述（适用的等级保护级别）
CE12a	大数据平台应对数据采集终端、数据导入服务组件、数据导出终端、数据导出服务组件的使用实施身份鉴别（二级及以上系统）
CE12b	大数据平台应能对不同客户的大数据应用实施标识和鉴别（二级及以上系统）
CE12c	大数据平台应为大数据应用提供集中管控其计算和存储资源使用状况的能力（二级及以上系统）
CE12d	大数据平台应对其提供的辅助工具或服务组件实施有效管理（二级及以上系统）
CE12e	大数据平台应屏蔽计算、内存、存储资源故障，保障业务正常运行（二级及以上系统）
CE12f	大数据平台应提供静态脱敏和去标识化的工具或服务组件技术（二级及以上系统）
CE12g	对外提供服务的大数据平台，平台或第三方只有在大数据应用授权下才可以对大数据应用的数据资源进行访问、使用和管理（二级及以上系统）
CE12h	大数据平台应提供数据分类分级安全管理功能，供大数据应用针对不同类别、不同级别的数据采取不同的安全保护措施（三级及以上系统）
CE12i	大数据平台应提供设置数据安全标记功能，基于安全标记的授权和访问控制措施，满足细粒度授权访问控制管理能力要求（三级及以上系统）
CE12j	大数据平台应在数据采集、存储、处理、分析等各个环节支持对数据进行分类、分级处置，并保证安全保护策略保持一致（三级及以上系统）
CE12k	涉及重要数据接口、重要服务接口的调用，应实施访问控制，包括但不限于数据处理、使用、分析、导出、共享、交换等相关操作（三级及以上系统）
CE12l	应在数据清洗和转换过程中对重要数据进行保护，以保证重要数据清洗和转换后的一致性，避免数据失真，并在产生问题时能有效还原和恢复（三级及以上系统）
CE12m	应跟踪和记录数据采集、处理、分析和挖掘等过程，保证溯源数据能重现相应过程，溯源数据满足合规审计要求（三级及以上系统）
CE12n	大数据平台应保证不同客户大数据应用的审计数据隔离存放，并提供不同客户审计数据收集汇总和集中分析的能力（三级及以上系统）
CE12o	大数据平台应具备对不同类别、不同级别的数据全生命周期区分处置的能力（四级系统）

2.6 安全建设管理业绩目标与评估准则

安全建设管理(SC)领域的业绩目标是：按照《网络安全法》“三同步”原则，开展网络安全等级保护，明确并落实方案设计、产品采购、软件开发、工程实施、测试交付和服务供应商选择等关键环节以及移动应用、工控系统、大数据平台建设等重要业务的网络安全要求，从建设源头提升本质安全能力。该业绩目标的负责人是网络信息管理专业负责人/项目建设负责人。

安全建设管理领域包括定级备案和等级测评(SC1)、方案设计和产品采购(SC2)、软件开发(SC3)、工程实施与测试交付(SC4)、服务供应商选择(SC5)、移动应用安全建设扩展要求(SC6)、工控系统安全建设扩展要求(SC7)、大数据安全建设扩展要求(SC8)共 8 个子领域。本节详细介绍这些子领域的业绩目标和评估准则(评估项清单)。

2.6.1 定级备案和等级测评

1. 业绩目标

按照国家和行业网络安全等级保护管理要求和技术标准，规范、专业地开展网络与信息系统安全定级、论证审定、审批备案和测评整改，确保合规，促进设计、建设和运维等关键环节的安全水平提升。该业绩目标的负责人是网络信息管理/信息安全与保密专业负责人。

2. 评估准则

定级备案和等级测评评估准则由 7 个评估项组成，如表 2-38 所示。

表 2-38　定级备案和等级测评评估准则

评估项代码	评估项内容描述(适用的等级保护级别)
SC1a	应以书面的形式说明保护对象的安全保护等级以及确定等级的方法和理由(一级及以上系统)

续表

评估项代码	评估项内容描述(适用的等级保护级别)
SC1b	应组织相关部门和有关安全设计专家对定级结果的合理性和正确性进行论证和审定(二级及以上系统)
SC1c	应保证定级结果经过相关部门的批准(二级及以上系统)
SC1d	应将备案材料报主管部门和公安机关备案(二级及以上系统)
SC1e	应定期进行等级测评,发现不符合相应等级保护标准要求的问题及时整改(二级及以上系统)
SC1f	应在发生重大变更或级别发生变化时进行等级测评(二级及以上系统)
SC1g	应确保测评机构的选择符合国家有关规定(二级及以上系统)

2.6.2 方案设计和产品采购

1. 业绩目标

编制、论证和审定安全整体规划、安全专项方案和安全措施,审核验证拟采购网络安全产品、密码产品与服务的合规性,从方案设计、产品选型测试和专项测试等关键环节提升网络结构和系统本体安全能力。该业绩目标的负责人是信息安全与保密专业负责人/项目建设负责人。

2. 评估准则

方案设计和产品采购评估准则由 7 个评估项组成,如表 2-39 所示。

表 2-39 方案设计和产品采购评估准则

评估项代码	评估项内容描述(适用的等级保护级别)
SC2a	应根据安全保护等级选择基本安全措施,依据风险分析的结果补充和调整安全措施(一级及以上系统)
SC2b	应根据保护对象的安全保护等级及与其他级别保护对象的关系进行安全整体规划和安全方案设计,设计内容应包含与密码技术和网络结构安全相关的内容,并形成配套文件(三级及以上系统)
SC2c	应组织相关部门和有关安全专家对安全整体规划及其配套文件的合理性和正确性进行论证和审定,经过批准后才能正式实施(三级及以上系统)
SC2d	**应确保网络安全产品采购和使用符合国家的有关规定(一级及以上系统)**

续表

评估项代码	评估项内容描述(适用的等级保护级别)
SC2e	应确保密码产品与服务的采购和使用符合国家密码管理部门的要求(二级及以上系统)
SC2f	应预先对产品进行选型测试,确定产品的候选范围,并定期审定和更新候选产品名单(三级及以上系统)
SC2g	应对重要部位的产品委托专业测评单位进行专项测试,根据测试结果选用产品(四级系统)

2.6.3　软件开发

1. 业绩目标

制定和执行软件开发安全要求、控制流程和记录表单,包括开发和运行环境、测试数据、开发过程控制、代码编写安全规范、安全性测试、软件源代码审查、程序资源库管控、软件设计文档控制、外包软件开发管理等,有效提升软件本体质量和抗攻击能力。该业绩目标的负责人是网络信息管理/软件专业负责人。

2. 评估准则

软件开发评估准则由 10 个评估项组成,如表 2-40 所示。

表 2-40　软件开发评估准则

评估项代码	评估项内容描述(适用的等级保护级别)
SC3a	应将开发环境与实际运行环境在物理上分开,测试数据和测试结果受到控制(二级及以上系统)
SC3b	应制定软件开发管理制度,明确说明开发过程的控制方法和人员行为准则(三级及以上系统)
SC3c	应制定代码编写安全规范,要求开发人员参照规范编写代码(三级及以上系统)
SC3d	应具有软件设计的相关文档和使用指南,并对文档使用进行控制(三级及以上系统)
SC3e	应在软件开发过程中对安全性进行测试,在软件安装前对可能存在的恶意代码进行检测(二级及以上系统)
SC3f	应对程序资源库的修改、更新、发布进行授权和批准,并严格进行版本控制(三级及以上系统)
SC3g	应保证开发人员为专职人员,开发人员的开发活动受到控制、监视和审查(三级及以上系统)

续表

评估项代码	评估项内容描述(适用的等级保护级别)
SC3h	应在软件交付前检测其中可能存在的恶意代码(二级及以上系统)
SC3i	应保证开发单位提供软件设计文档和使用指南(二级及以上系统)
SC3j	**应保证开发单位提供软件源代码,并审查软件中可能存在的后门和隐蔽信道(三级及以上系统)**

2.6.4 工程实施与测试交付

1. 业绩目标

制定和执行工程实施与测试交付安全要求、控制流程和记录表单,采用第三方监理,开展上线前安全性测试和运维人员技能培训,按要求完成设备、软件的测试验收和文档交付,有效夯实工程实施与测试交付环节的安全基础。该业绩目标的负责人是网络信息管理/项目建设负责人。

2. 评估准则

工程实施与测试交付评估准则由 8 个评估项组成,如表 2-41 所示。

表 2-41 工程实施与测试交付评估准则

评估项代码	评估项内容描述(适用的等级保护级别)
SC4a	应指定或授权专门的部门或人员负责工程实施过程的管理(一级及以上系统)
SC4b	应制订安全工程实施方案控制工程实施过程(二级及以上系统)
SC4c	应通过第三方工程监理控制工程实施过程(三级及以上系统)
SC4d	应制订测试验收方案,并依据测试验收方案实施测试验收,形成测试验收报告(二级及以上系统)
SC4e	**应进行上线前的安全性测试,并出具安全测试报告,安全测试报告应包含密码应用安全性测试相关内容(三级及以上系统)**
SC4f	应制订交付清单,并根据交付清单对所交接的设备、软件和文档等进行清点(一级及以上系统)
SC4g	应对负责运行维护的技术人员进行相应的技能培训(一级及以上系统)
SC4h	应保证提供建设过程文档和运行维护文档(二级及以上系统)

2.6.5　服务供应商选择

1. 业绩目标

制定和执行服务供应商选择和使用的安全要求、控制流程和记录表单，通过服务协议、保密协议、定期审核、服务水平评价等措施，有效控制安全服务、云服务、数据服务等安全风险，提升供应链攻击防范能力。该业绩目标的负责人是网络信息管理/项目建设负责人。

2. 评估准则

服务供应商选择评估准则由10个评估项组成，如表2-42所示。

表2-42　服务供应商选择评估准则

评估项代码	评估项内容描述（适用的等级保护级别）
SC5a	应确保服务供应商的选择符合国家的有关规定（一级及以上系统）
SC5b	应与选定的服务供应商签订相关协议，明确整个服务供应链各方需履行的网络安全相关义务（二级及以上系统）
SC5c	应定期监督、评审和审核服务供应商提供的服务，并对其变更服务内容加以控制（三级及以上系统）
SC5d	应选择安全合规的云服务商，云服务商提供的云计算平台应为其承载的业务应用系统提供相应等级的安全保护能力（一级及以上系统）
SC5e	应在服务水平协议中规定云服务的各项服务内容和具体技术指标（一级及以上系统）
SC5f	应在服务水平协议中规定云服务商的权限与责任，包括管理范围、职责划分、访问授权、隐私保护、行为准则、违约责任等（一级及以上系统）
SC5g	应在服务水平协议中规定服务合约到期时完整提供云服务客户数据，并承诺将相关数据在云计算平台上清除（二级及以上系统）
SC5h	应与选定的云服务商签署保密协议，要求其不得泄露云服务客户数据（三级及以上系统）
SC5i	应将供应链安全事件信息或安全威胁信息及时传达到云服务客户（二级及以上系统）
SC5j	应保证服务供应商的重要变更及时传达到云服务客户，并评估变更带来的安全风险，采取措施对风险进行控制（三级及以上系统）

2.6.6 移动应用安全建设扩展要求

1. 业绩目标

制定和执行移动应用软件开发和安装使用安全技术要求，加强开发者或外包商的资格审查和安全监督，保证分发渠道或证书签名的安全可靠，有效控制移动应用成为攻击入口产生的安全风险。该业绩目标的负责人是网络信息管理/项目建设/应用专业负责人。

2. 评估准则

移动应用安全建设扩展要求评估准则由 4 个评估项组成，如表 2-43 所示。

表 2-43 移动应用安全建设扩展要求评估准则

评估项代码	评估项内容描述（适用的等级保护级别）
SC6a	应保证移动终端安装、运行的应用软件来自可靠分发渠道或使用可靠证书签名（一级及以上系统）
SC6b	应保证移动终端安装、运行的应用软件由指定的开发者开发（三级及以上系统）
SC6c	应对移动业务应用软件开发者进行资格审查（二级及以上系统）
SC6d	应保证开发移动业务应用软件的签名证书的合法性（二级及以上系统）

2.6.7 工控系统安全建设扩展要求

1. 业绩目标

制定和执行工控系统重要设备、开发单位和供应商安全和保密要求，开展安全性检测和供应商履责评估，有效控制重要设备供应、关键技术扩散和设备行业专用等方面的安全风险。该业绩目标的负责人是工控系统/项目建设专业负责人。

2. 评估准则

工控系统安全建设扩展要求评估准则由两个评估项组成，如表 2-44 所示。

表 2-44　工控系统安全建设扩展要求评估准则

评估项代码	评估项内容描述（适用的等级保护级别）
SC7a	工控系统重要设备应通过专业机构的安全性检测后方可采购和使用（二级及以上系统）
SC7b	应在外包开发合同中规定针对开发单位、供应商的约束条款，包括设备及系统在生命周期内有关保密、禁止关键技术扩散和设备行业专用等方面的内容（二级及以上系统）

2.6.8　大数据安全建设扩展要求

1. 业绩目标

明确选择大数据平台及服务的安全要求，通过服务合同、服务水平协议和安全声明等措施，保证数据、数据应用与服务的安全。该业绩目标的负责人是数据/系统/项目建设专业负责人。

2. 评估准则

大数据安全建设扩展要求评估准则由 3 个评估项组成，如表 2-45 所示。

表 2-45　大数据安全建设扩展要求评估准则

评估项代码	评估项内容描述（适用的等级保护级别）
SC8a	应选择安全合规的大数据平台，它应为其承载的大数据应用提供相应等级的安全保护能力（二级及以上系统）
SC8b	应以书面方式约定大数据平台提供者的权限与责任、各项服务内容和具体技术指标等，尤其是安全服务内容（二级及以上系统）
SC8c	应明确约束数据交换、共享的接收方对数据的保护责任，并确保接收方有足够或相当的安全防护能力（三级及以上系统）

2.7　安全运维管理业绩目标与评估准则

安全运维管理（SO）领域的业绩目标是：按照常态化要求，建立、应用和不断完善安全运维工作体系，将 IT 环境、资产和配置、设备维护和介质、网络和系统安全、漏洞和恶意代码防范、密码、变更、备份和恢复、外包运维、感知节点和大数据运维等安全管理和技术要求纳入日常IT运维工作，保证常态化运维工作的安全性。该业绩目标的负责人是系统/网络/数据/应用/通信/客服等各专业负责人。

安全运维管理包括环境管理(SO1)、资产和配置管理(SO2)、设备维护和介质管理(SO3)、网络和系统安全管理(SO4)、漏洞和恶意代码防范(SO5)、密码管理(SO6)、变更管理(SO7)、备份与恢复管理(SO8)、外包运维管理(SO9)、物联网节点设备管理(SO10)和大数据安全运维管理(SO11)共11个子领域。本节详细介绍这些子领域的业绩目标和评估准则(评估项清单)。

2.7.1 环境管理

1. 业绩目标

建立和执行机房安全管理制度，明确安全管理责任人、人员和物品出入控制要求和机房设施维护作业规程，落实信息安全保密和重要安全区域实时监视等安全措施，确保各类机房和云计算平台等环境安全。该业绩目标的负责人是机房设施专业负责人。

2. 评估准则

环境管理评估准则由5个评估项组成，如表2-46所示。

表2-46 环境管理评估准则

评估项代码	评估项内容描述(适用的等级保护级别)
SO1a	应指定专门的部门或人员负责机房安全，对机房出入进行管理，定期对机房供配电、空调、温湿度控制、消防等设施进行维护管理(一级及以上系统)
SO1b	应建立机房安全管理制度，对有关物理访问、物品进出和环境安全等方面的管理做出规定(三级及以上系统)
SO1c	应不在重要区域接待来访人员，不随意放置含有敏感信息的纸质文件和移动介质等(二级及以上系统)
SO1d	应对出入人员进行相应级别的授权，对进入重要安全区域的人员和活动进行实时监视等(四级系统)
SO1e	**云计算平台的运维地点应位于中国境内，境外对境内云计算平台实施运维操作应遵照国家相关规定(二级及以上系统)**

2.7.2 资产和配置管理

1. 业绩目标

建立和执行设备、软件和移动终端等 IT 资产管理规定、资产清单和分类管理措施，明确资产管理、系统管理和配置管理等关键责任人，记录和变更维护基本配置信息，确保资产和配置信息的及时、完整和准确。该业绩目标的负责人是安全监测负责人/各专业资产管理员。

2. 评估准则

资产和配置管理评估准则由 6 个评估项组成，如表 2-47 所示。

表 2-47　资产和配置管理评估准则

评估项代码	评估项内容描述（适用的等级保护级别）
SO2a	应编制并保存与保护对象相关的资产清单，包括资产责任部门、重要程度和所处位置等内容（二级及以上系统）
SO2b	应根据资产的重要程度对资产进行标识管理，根据资产的价值选择相应的管理措施（三级及以上系统）
SO2c	应对信息分类与标识方法做出规定，并对信息的使用、传输和存储等进行规范化管理（三级及以上系统）
SO2d	应记录和保存基本配置信息，包括网络拓扑结构、各个设备安装的软件组件、软件组件的版本和补丁信息、各个设备或软件组件的配置参数等（二级及以上系统）
SO2e	应将基本配置信息改变纳入系统变更范畴，实施对配置信息改变的控制，并及时更新基本配置信息库（三级及以上系统）
SO2f	应建立合法无线接入设备和合法移动终端配置库，用于对非法无线接入设备和非法移动终端的识别（三级及以上系统）

2.7.3 设备维护和介质管理

1. 业绩目标

建立和执行设备设施维护、介质和存储信息的管理规定和流程表单，明确设备维护和介质管理责任人，实现对设备维护过程与质量、介质及其存储信息的安全控制。该业绩目标的负责人是各专业负责人。

2. 评估准则

设备维护和介质管理评估准则由 6 个评估项组成，如表 2-48 所示。

表 2-48 设备维护和介质管理评估准则

评估项代码	评估项内容描述（适用的等级保护级别）
SO3a	应对各种设备（包括备份和冗余设备）、线路等指定专门的部门或人员定期进行维护管理（一级及以上系统）
SO3b	应建立配套设施、软硬件维护方面的管理制度，对其进行有效的管理，包括明确维护人员的责任、维修和服务的审批、维护过程的监督控制等（三级及以上系统）
SO3c	信息处理设备应经过审批才能带离机房或办公地点。含有存储介质的设备带出工作环境时，其中的重要数据应加密（三级及以上系统）
SO3d	应将介质存放在安全的环境中，对各类介质进行控制和保护，实行存储介质专人管理，并根据存档介质的目录清单定期盘点（一级及以上系统）
SO3e	应对介质在物理传输过程中的人员选择、打包、交付等情况进行控制，并对介质的归档和查询等进行登记记录（二级及以上系统）
SO3f	含有存储介质的设备在报废或重用前，应进行完全清除或被安全覆盖，保证该设备上的敏感数据和授权软件无法被恢复重用（三级及以上系统）

2.7.4 网络和系统安全管理

1. 业绩目标

建立和执行网络和系统安全管理制度，明确各管理员角色及其责任和权限，制定重要设备的配置和操作手册并严格执行，严格审批和控制变更性运维、运维工具使用、远程运维开通以及与外部的连接，通过日志、监测和报警数据分析研判，及时发现可疑行为，有效管控网络和系统管理安全风险。该业绩目标的负责人是网络/系统/安全监测专业负责人。

2. 评估准则

网络和系统安全管理评估准则由 10 个评估项组成，如表 2-49 所示。

表 2-49　网络和系统安全管理评估准则

评估项代码	评估项内容描述（适用的等级保护级别）
SO4a	应划分不同的管理员角色进行网络和系统的运维管理，明确各个角色的责任和权限（一级及以上系统）
SO4b	应指定专门的部门或人员进行账户管理，对申请账户、建立账户、删除账户等进行控制（一级及以上系统）
SO4c	应建立网络和系统安全管理制度，对安全策略、账户管理、配置管理、日志管理、日常操作、升级与打补丁、口令更新周期等方面做出规定（二级及以上系统）
SO4d	应制定重要设备的配置和操作手册，依据手册对设备进行安全配置和优化配置等（二级及以上系统）
SO4e	应详细记录运维操作日志，包括日常巡检工作、运行维护记录、参数的设置和修改等内容（二级及以上系统）
SO4f	应指定专门的部门或人员对日志、监测和报警数据等进行分析、统计，及时发现可疑行为（三级及以上系统）
SO4g	应严格控制变更性运维，经过审批后才可改变连接、安装系统组件或调整配置参数，操作过程中应保留不可更改的审计日志，操作结束后应同步更新配置信息库（三级及以上系统）
SO4h	**应严格控制运维工具的使用，经过审批后才可接入进行操作，操作过程中应保留不可更改的审计日志，操作结束后应删除工具中的敏感数据（三级及以上系统）**
SO4i	应严格控制远程运维的开通，经过审批后才可开通远程运维接口或通道，操作过程中应保留不可更改的审计日志，操作结束后立即关闭接口或通道（三级及以上系统）
SO4j	**应保证所有与外部的连接均得到授权和批准，应定期检查违反规定无线上网及其他违反网络安全策略的行为（三级及以上系统）**

2.7.5　漏洞和恶意代码防范

1. 业绩目标

建立和执行漏洞、隐患、恶意代码防范等安全要求和流程表单，定期开展安全测评，验证防范技术、措施和流程的有效性，及时采取改进措施。该业绩目标的负责人是网络/系统/安全监测专业负责人。

2. 评估准则

漏洞和恶意代码防范评估准则由 4 个评估项组成，如表 2-50 所示。

表 2-50 漏洞和恶意代码防范评估准则

评估项代码	评估项内容描述（适用的等级保护级别）
SO5a	应采取必要的措施识别安全漏洞和隐患，对发现的安全漏洞和隐患及时进行修补或评估可能的影响后进行修补（一级及以上系统）
SO5b	应定期开展安全测评，形成安全测评报告，采取措施应对发现的安全问题（三级及以上系统）
SO5c	**应提高所有用户的防恶意代码意识，对外来计算机或存储设备在接入系统前进行恶意代码检查等（一级及以上系统）**
SO5d	应定期验证防范恶意代码攻击的技术措施的有效性（三级及以上系统）

2.7.6 密码管理

1. 业绩目标

遵照密码相关国家标准和行业标准，使用国家密码主管部门认证的密码技术和产品，使密码管理与应用工作合规且有效。该业绩目标的负责人是信息安全与保密专业负责人。

2. 评估准则

密码管理评估准则由 3 个评估项组成，如表 2-51 所示。

表 2-51 密码管理评估准则

评估项代码	评估项内容描述（适用的等级保护级别）
SO6a	应遵照密码相关国家标准和行业标准（二级及以上系统）
SO6b	应使用国家密码管理部门认证核准的密码技术和产品（二级及以上系统）
SO6c	应采用硬件密码模块实现密码运算和密钥管理（四级系统）

2.7.7 变更管理

1. 业绩目标

建立和执行变更管理规定、控制流程和记录表单，实现对变更需求、变更方案、变更申请、变更中止、变更恢复等环节的有效控制和书面记录。该业绩目标的负责人是安全监测/各专业负责人。

2. 评估准则

变更管理评估准则由3个评估项组成，如表2-52所示。

表2-52　变更管理评估准则

评估项代码	评估项内容描述（适用的等级保护级别）
SO7a	**应明确变更需求，变更前根据变更需求制订变更方案，变更方案经过评审、审批后方可实施（二级及以上系统）**
SO7b	应建立变更的申报和审批控制程序，依据程序控制所有的变更，记录变更实施过程（三级及以上系统）
SO7c	应建立中止变更并从失败变更中恢复的程序，明确过程控制方法和人员职责，必要时对恢复过程进行演练（三级及以上系统）

2.7.8　备份与恢复管理

1. 业绩目标

建立和执行备份与恢复的策略、程序、方式、频度、存储介质、保存期等具体规定，确保重要业务信息、系统数据和软件系统持续可用。该业绩目标的负责人是数据/系统专业负责人。

2. 评估准则

备份与恢复管理评估准则由3个评估项组成，如表2-53所示。

表2-53　备份与恢复运维管理评估准则

评估项代码	评估项内容描述（适用的等级保护级别）
SO8a	应识别需要定期备份的重要业务信息、系统数据及软件系统等（一级及以上系统）
SO8b	应规定备份信息的备份方式、备份频度、存储介质、保存期等（一级及以上系统）
SO8c	**应根据数据的重要性和数据对系统运行的影响，制定数据的备份策略和恢复策略、备份程序和恢复程序等（二级及以上系统）**

2.7.9 外包运维管理

1. 业绩目标

通过签订外包运维服务协议等措施，明确外包运维服务商的法律义务、安全责任、安全运维能力、信息保密和业务连续性保障等安全要求，并在履约过程中检查落实。该业绩目标的负责人是网络信息管理/外包管理负责人。

2. 评估准则

外包运维管理评估准则由 3 个评估项组成，如表 2-54 所示。

表 2-54 外包运维管理评估准则

评估项代码	评估项内容描述(适用的等级保护级别)
SO9a	应确保外包运维服务商的选择符合国家的有关规定(二级及以上系统)
SO9b	应与选定的外包运维服务商签订相关的协议，明确约定外包运维的范围、工作内容(二级及以上系统)
SO9c	应保证选择的外包运维服务商在技术和管理方面均具有按照等级保护要求开展安全运维工作的能力，并将能力要求在签订的协议中明确(三级及以上系统)
SO9d	应在与外包运维服务商签订的协议中明确所有相关的安全要求，如可能涉及对敏感信息的访问、处理、存储要求，对 IT 基础设施中断服务的应急保障要求等(三级及以上系统)

2.7.10 物联网节点设备管理

1. 业绩目标

制定和执行物联网节点设备全过程管理规定，对其部署环境及环境的保密性等进行巡视、维护和记录，有效防范社会工程学攻击。该业绩目标的负责人是通信物联网专业负责人。

2. 评估准则

物联网节点设备管理评估准则由 3 个评估项组成，如表 2-55 所示。

表 2-55　物联网节点设备管理评估准则

评估项代码	评估项内容描述(适用的等级保护级别)
SO10a	应指定人员定期巡视感知节点设备、网关节点设备的部署环境,对可能影响感知节点设备、网关节点设备正常工作的环境异常进行记录和维护(一级及以上系统)
SO10b	应对感知节点设备、网关节点设备入库、存储、部署、携带、维修、丢失和报废等过程做出明确规定,并进行全程管理(二级及以上系统)
SO10c	应加强对感知节点设备、网关节点设备部署环境的保密性管理,包括负责检查和维护的人员调离工作岗位应立即交还相关检查工具和检查维护记录等(三级及以上系统)

2.7.11　大数据安全运维管理

1. 业绩目标

制定并执行数字资产安全管理策略、数据分类分级保护策略、重要数据脱敏使用、数据类别级别变更等管理规定、安全要求和记录表单,保证大数据运维和使用安全。该业绩目标的负责人是数据/系统专业负责人。

2. 评估准则

大数据安全运维管理评估准则由 4 个评估项组成,如表 2-56 所示。

表 2-56　大数据安全运维管理评估准则

评估项代码	评估项内容描述(适用的等级保护级别)
SO11a	应建立数字资产安全管理策略,对数据全生命周期的操作规范、保护措施、管理人员职责等进行规定,包括并不限于数据采集、存储、处理、应用、流动、销毁等过程(二级及以上系统)
SO11b	应制定并执行数据分类分级保护策略,针对不同类别级别的数据制定不同的安全保护措施(三级及以上系统)
SO11c	应在数据分类分级的基础上,划分重要数字资产范围,明确重要数据进行自动脱敏或去标识的使用场景和业务处理流程(三级及以上系统)
SO11d	应定期评审数据的类别和级别,如需要变更数据的类别或级别,应依据变更审批流程执行变更(三级及以上系统)

2.8 安全监测防护业绩目标与评估准则

安全监测防护(MP)领域的业绩目标是：按照实战化要求，建立、应用和不断完善安全管理中心，面向实战的网络安全监测、情报、预警、通报、处置、经验反馈和持续整改提升的标准规范、防护能力和工作机制。该业绩目标的负责人是安全监测专业负责人。

安全监测防护领域包括安全管理中心(MP1)、集中管控(MP2)、云计算集中管控(MP3)、安全事件处置(MP4)、应急预案管理(MP5)、情报收集与利用(MP6)、值班值守(MP7)、实战演练(MP8)和研判整改(MP9)共9个子领域。本节详细介绍这些子领域的业绩目标和评估准则(评估项清单)。

2.8.1 安全管理中心

1. 业绩目标

建立安全管理中心，明确系统管理员、审计管理员和安全管理员的身份鉴别、操作规范及操作审计等安全要求，并分别通过他们完成集中系统管理功能、审计功能和安全管理功能的系统操作。该业绩目标的负责人是安全监测/系统专业负责人。

2. 评估准则

安全管理中心评估准则由6个评估项组成，如表2-57所示。

表2-57 安全管理中心评估准则

评估项代码	评估项内容描述(适用的等级保护级别)
MP1a	应对系统管理员进行身份鉴别，只允许其通过特定的命令或操作界面进行系统管理操作，并对这些操作进行审计(二级及以上系统)
MP1b	应通过系统管理员对系统的资源和运行进行配置、控制和管理，包括用户身份、系统资源配置系统加载和启动、系统运行的异常处理、数据和设备的备份与恢复等(二级及以上系统)

续表

评估项代码	评估项内容描述(适用的等级保护级别)
MP1c	应对审计管理员进行身份鉴别,只允许其通过特定的命令或操作界面进行安全审计操作,并对这些操作进行审计(二级及以上系统)
MP1d	应通过审计管理员对审计记录应进行分析,并根据分析结果进行处理,包括根据安全审计策略对审计记录进行存储、管理和查询等(二级及以上系统)
MP1e	应对安全管理员进行身份鉴别,只允许其通过特定的命令或操作界面进行安全管理操作,并对对这些操作进行审计(三级及以上系统)
MP1f	应通过安全管理员对系统中的安全策略进行配置,包括安全参数的设置,对主体、客体进行统一安全标记,对主体进行授权,配置可信验证策略等(三级及以上系统)

2.8.2　集中管控

1. 业绩目标

实现网络安全状况的集中监测、安全事项的集中管理、审计数据的集中分析和各类安全事件的识别、报警和分析,并保证这些安全设备或安全组件的独立性和安全性。该业绩目标的负责人是安全监测/系统专业负责人。

2. 评估准则

集中管控评估准则由 7 个评估项组成,如表 2-58 所示。

表 2-58　集中管控评估准则

评估项代码	评估项内容描述(适用的等级保护级别)
MP2a	应划分出特定的管理区域,对分布在网络中的安全设备或安全组件进行管控(三级及以上系统)
MP2b	应能够建立一条安全的信息传输路径,对网络中的安全设备或安全组件进行管理(三级及以上系统)
MP2c	**应对网络链路、安全设备、网络设备和服务器等的运行状况进行集中监测(三级及以上系统)**
MP2d	**应对分散在各个设备上的审计数据进行收集汇总和集中分析,并保证审计记录的留存时间符合法律法规要求(三级及以上系统)**
MP2e	应对安全策略、恶意代码、补丁升级等安全相关事项进行集中管理(三级及以上系统)
MP2f	**应能对网络中发生的各类安全事件进行识别、报警和分析(三级及以上系统)**

续表

评估项代码	评估项内容描述(适用的等级保护级别)
MP2g	应保证系统范围内的时间由唯一确定的时钟产生,以确保各种数据的管理和分析在时间上的一致性(四级系统)

2.8.3 云计算集中管控

1. 业绩目标

针对云计算平台实现网络安全的集中管控,包括资源统一管理调度和分配、管理流量和业务流量分离、审计数据的收集和集中审计、安全状况的集中监测等。该业绩目标的负责人是系统/云计算专业负责人。

2. 评估准则

云计算集中管控评估准则由 4 个评估项组成,如表 2-59 所示。

表 2-59 云计算集中管控评估准则

评估项代码	评估项内容描述(适用的等级保护级别)
MP3a	应能对物理资源和虚拟资源按照策略做统一管理调度与分配(三级及以上系统)
MP3b	应保证云计算平台管理流量与云服务客户业务流量分离(三级及以上系统)
MP3c	应根据云服务商和云服务客户的职责划分,收集各自控制部分的审计数据并实现各自的集中审计(三级及以上系统)
MP3d	应根据云服务商和云服务客户的职责划分,实现各自控制部分,包括虚拟化网络、虚拟机、虚拟化安全设备等的运行状况的集中监测(三级及以上系统)

2.8.4 安全事件处置

1. 业绩目标

制定和执行安全事件监测发现、通报预警、应急处置、根本原因分析和经验反馈的管理制度和流程表单,实现跨单位安全事件的联合防护和应急处置。该业绩目标的负责人是安全监测专业负责人。

2. 评估准则

安全事件处置评估准则由 5 个评估项组成，如表 2-60 所示。

表 2-60　安全事件处置评估准则

评估项代码	评估项内容描述（适用的等级保护级别）
MP4a	应及时向安全管理部门报告发现的安全弱点和可疑事件（一级及以上系统）
MP4b	应制定安全事件报告和处置管理制度，明确不同安全事件的报告、处置和响应流程，规定安全事件的现场处理、事件报告和后期恢复的管理职责等（二级及以上系统）
MP4c	应在安全事件报告和响应处理过程中分析和鉴定事件产生的原因，收集证据，记录处理过程，总结经验教训（二级及以上系统）
MP4d	对造成系统中断和造成信息泄露的重大安全事件应采用不同的处理程序和报告程序（三级及以上系统）
MP4e	应建立联合防护和应急机制，负责处置跨单位安全事件（四级系统）

2.8.5　应急预案管理

1. 业绩目标

制定和执行统一的应急预案框架、重要事件应急预案和重大事件跨单位联合应急预案，定期开展应急预案的培训和应急演练，定期评估执行情况并修订完善。该业绩目标的负责人是信息安全与保密/安全监测专业负责人。

2. 评估准则

应急预案管理评估准则由 5 个评估项组成，如表 2-61 所示。

表 2-61　应急预案管理评估准则

评估项代码	评估项内容描述（适用的等级保护级别）
MP5a	应规定统一的应急预案框架，包括启动预案的条件、应急组织构成、应急资源保障、事后教育和培训等内容（三级及以上系统）
MP5b	**应制定重要事件的应急预案，包括应急处理流程、系统恢复流程等内容（二级及以上系统）**
MP5c	**应定期对与系统相关的人员进行应急预案培训，并进行应急预案的演练（二级及以上系统）**

续表

评估项代码	评估项内容描述(适用的等级保护级别)
MP5d	应定期对原有的应急预案重新评估,修订完善(三级及以上系统)
MP5e	应建立重大安全事件的跨单位联合应急预案,并进行应急预案的演练(四级系统)

2.8.6 情报收集与利用

1. 业绩目标

建立和执行网络安全情报收集利用的网络、责任和流程表单,实现情报全面快速收集、威胁分析研判和行动计划部署,有效预防控制潜在的网络安全风险。该业绩目标的负责人是安全监测专业负责人。

2. 评估准则

情报收集与利用评估准则由 3 个评估项组成,如表 2-62 所示。

表 2-62 情报收集与利用评估准则

评估项代码	评估项内容描述(适用的等级保护级别)
MP6a	应明确网络安全情报工作负责人,建立情报收集网络和情报员联系表(二级及以上系统)
MP6b	应建立网络安全情报工作流程,包括收集、汇总、去重、相关性分析、潜在影响研判以及应急行动决策和部署(二级及以上系统)
MP6c	应评估和记录情报驱动的应急行动计划执行情况和效果,并开展经验反馈(二级及以上系统)

2.8.7 值班值守

1. 业绩目标

通过建立和执行网络安全值班值守工作机制和电子化工作平台,实现对网络安全状态的实时监测、事件的即时处置、任务的按时完成、经验的反馈整改和能力的持续提升。该业绩目标的负责人是安全监测专业负责人。

2. 评估准则

值班值守评估准则由 3 个评估项组成，如表 2-63 所示。

表 2-63　值班值守评估准则

评估项代码	评估项内容描述(适用的等级保护级别)
MP7a	应建立和执行网络安全值班值守工作机制，(重要敏感期)应实现 7×24 小时值班值守(三级及以上系统)
MP7b	应编制值班值守监测日报，实现事件的即时处置和通报预警(三级及以上系统)
MP7c	应建立值班值守情报信息和安全事件跟踪管理电子化工作平台，实现处置事件和工作任务的闭环跟踪(三级及以上系统)

2.8.8　实战演练

1. 业绩目标

通过邀请权威可信的网络安全专业机构，组织并管控专业攻击队伍开展全面或专项的实网实战攻击，全面深度发现网络安全弱项、隐患、风险和管理缺陷，为网络安全整改和能力提升提供有针对性的输入。该业绩目标的负责人是安全监测专业负责人。

2. 评估准则

实战演练评估准则由 3 个评估项组成，如表 2-64 所示。

表 2-64　实战演练评估准则

评估项代码	评估项内容描述(适用的等级保护级别)
MP8a	应制订年度实网实战攻防演练工作计划，包括全面的攻防演练，或专项的渗透检测，或攻防沙盘推演(三级及以上系统)
MP8b	应与负责组织攻击或检测的安全专业机构签订实施合同和保密协议(三级及以上系统)
MP8c	应开展专项复盘总结，列举问题清单、根本原因和整改建议(三级及以上系统)

2.8.9 研判整改

1. 业绩目标

基于网络安全技术监测、管理巡视、检查审计和实战攻防等问题和风险，建立和执行网络安全态势研判和整改提升工作机制，实现网络安全防护能力跨单位的全面持续有效的整改提升。该业绩目标的负责人是安全监测专业负责人。

2. 评估准则

研判整改评估准则由两个评估项组成，如表 2-65 所示。

表 2-65　研判整改评估准则

评估项代码	评估项内容描述（适用的等级保护级别）
MP9a	应建立和执行网络安全态势分析研判报告和例会工作机制（三级及以上系统）
MP9b	应通过例行会议机制进行整改项的闭环跟踪、协调和管理，实现有效整改（三级及以上系统）

2.9 安全管理保障业绩目标与评估准则

安全管理保障（SM）领域的业绩目标是：按照体系化要求，建立健全网络安全策略和管理制度，明确组织机构、岗位设置和人员配备，明确网络安全授权和审批程序，加强内外部的沟通与协作，开展安全检查和审计监督，严格内外部人员录用、在岗和离岗管理以及外部人员访问管理，开展网络安全教育和培训，从安全管理体系及其执行有效性等方面提供安全管理保障。该业绩目标的负责人是网络信息分管领导/网络信息管理专业负责人。

安全管理保障领域包括安全策略和管理制度（SM1）、岗位设置和人员配备（SM2）、授权审批和沟通合作（SM3）、安全检查和审计监督（SM4）、人员录用和离岗（SM5）、安全教育和培训（SM6）以及外部人员访问管理（SM7）共 7 个子领域。本节详细介绍这些子领域的业绩目标和评估准则(评估项清单)。

2.9.1　安全策略和管理制度

1. 业绩目标

依据相关法律法规和业务要求,建立由安全策略、管理制度、操作规程和记录表单等构成的全面的网络安全管理制度体系,定期论证、审定、修订和正式发布,为网络安全工作提供指导、支持和保障。该业绩目标的负责人是网络信息分管领导/网络信息管理专业负责人。

2. 评估准则

安全策略和管理制度评估准则由 7 个评估项组成,如表 2-66 所示。

表 2-66　安全策略和管理制度评估准则

评估项代码	评估项内容描述(适用的等级保护级别)
SM1a	应制定网络安全工作的总体方针和安全策略,阐明机构安全工作的总体目标、范围、原则和安全框架等(二级及以上系统)
SM1b	**应对安全管理活动中的各类管理内容建立安全管理制度(二级及以上系统)**
SM1c	应对管理人员或操作人员执行的日常管理操作建立操作规程(二级及以上系统)
SM1d	应形成由安全策略、管理制度、操作规程、记录表单等构成的全面的安全管理制度体系(三级及以上系统)
SM1e	应指定或授权专门的部门或人员负责安全管理制度的制定(二级及以上系统)
SM1f	安全管理制度应通过正式、有效的方式发布,并进行版本控制(二级及以上系统)
SM1g	应定期对安全管理制度的合理性和适用性进行论证和审定,对存在不足或需要改进的安全管理制度进行修订(二级及以上系统)

2.9.2　岗位设置和人员配备

1. 业绩目标

建立网络安全管理组织架构,设立关键岗位,配备合适人员,建立和执行领导有力、职责明确和分工协作的网络安全责任机制和工作机制。该业绩目标的负责人是网络信息分管领导/信息安全与保密专业负责人。

2. 评估准则

岗位设置和人员配备评估准则由 7 个评估项组成，如表 2-67 所示。

表 2-67　岗位设置和人员配备评估准则

评估项代码	评估项内容描述(适用的等级保护级别)
SM2a	**应成立指导和管理网络安全工作的委员会或领导小组，其最高领导由单位主管领导担任或授权(三级及以上系统)**
SM2b	应设立网络安全管理工作的职能部门，设立安全主管、安全管理各个方面的负责人岗位，并定义各负责人的职责(二级及以上系统)
SM2c	应设立系统管理员、审计管理员和安全管理员等岗位，并定义部门及各个工作岗位的职责(二级及以上系统)
SM2d	应配备一定数量的系统管理员、审计管理员和安全管理员等(二级及以上系统)
SM2e	应配备专职安全管理员，不可兼任(三级及以上系统)
SM2f	关键事务岗位应配备多人共同管理(四级系统)
SM2g	各级组织和人员均应有效履行自身网络安全责任，与他人高效协作开展工作(二级及以上系统)

2.9.3　授权审批和沟通合作

1. 业绩目标

建立、维护和执行各部门和岗位对网络安全事项的授权审批程序、流程和表单，建立和维持内部各单位之间以及与外部单位的沟通与合作机制，及时发现、预测、分析和处置网络安全问题。该业绩目标的负责人是网络信息管理/信息安全与保密专业负责人。

2. 评估准则

授权审批和沟通合作评估准则由 6 个评估项组成，如表 2-68 所示。

表 2-68　授权审批和沟通合作评估准则

评估项代码	评估项内容描述(适用的等级保护级别)
SM3a	应根据各个部门和岗位的职责明确授权审批事项、审批部门和批准人等(一级及以上系统)

续表

评估项代码	评估项内容描述(适用的等级保护级别)
SM3b	应针对系统变更、重要操作、物理访问和系统接入等事项建立审批程序,按照审批程序执行审批过程,对重要活动建立逐级审批制度(三级及以上系统)
SM3c	应定期审查审批事项,及时更新需授权和审批的项目、审批部门和审批人等信息(三级及以上系统)
SM3d	应加强各类管理人员、组织内部机构和网络安全管理部门之间的合作与沟通,定期召开协调会议,共同协作处理网络安全问题(二级及以上系统)
SM3e	应加强与网络安全职能部门、各类供应商、业界专家及安全组织的合作与沟通(二级及以上系统)
SM3f	应建立外联单位联系列表,包括外联单位名称、合作内容、联系人和联系方式等信息(二级及以上系统)

2.9.4　安全检查和审计监督

1. 业绩目标

定期开展常规和全面安全检查与审计监督,及时发现、报告和通报网络安全问题和风险,分析根本原因,制订整改计划,开展经验反馈,确保及时发现和有效整改网络安全问题,控制和预防类似安全风险。该业绩目标的负责人是内部审计/信息安全与保密专业负责人。

2. 评估准则

安全检查和审计监督评估准则由 5 个评估项组成,如表 2-69 所示。

表 2-69　安全检查和审计监督评估准则

评估项代码	评估项内容描述(适用的等级保护级别)
SM4a	应定期进行常规安全检查,检查内容包括系统日常运行、系统漏洞和数据备份等情况(二级及以上系统)
SM4b	应定期进行全面安全检查,检查内容包括现有安全设计措施的有效性、安全配置与安全策略的一致性、安全管理制度的执行情况等(三级及以上系统)
SM4c	应制定安全检查表格,实施安全检查,汇总安全检查数据,形成安全检查报告,并对安全检查结果进行通报(三级及以上系统)
SM4d	应建立和执行内部和外部独立的网络安全专项审计工作机制(二级及以上系统)

续表

评估项代码	评估项内容描述(适用的等级保护级别)
SM4e	应对安全检查与审计监督发现的问题或风险进行根本原因分析,开展经验反馈,对整改计划执行有效性进行检查和监督(二级及以上系统)

2.9.5 人员录用和离岗

1. 业绩目标

建立和执行人员录用和离岗安全要求、流程和表单,包括人员录用、审查和考核,签署保密协议、岗位责任协议,关键岗位人员选拔,管控调离和离岗权限及保密承诺等,有效控制人员录用和离岗产生的网络安全风险。该业绩目标的负责人是网络信息管理/信息安全与保密专业负责人。

2. 评估准则

人员录用和离岗评估准则由6个评估项组成,如表2-70所示。

表2-70 人员录用和离岗评估准则

评估项代码	评估项内容描述(适用的等级保护级别)
SM5a	应指定或授权专门的部门或人员负责人员录用(一级及以上系统)
SM5b	应对被录用人员的身份、安全背景、专业资格或资质等进行审查,对其所具有的技术技能进行考核(三级及以上系统)
SM5c	应与被录用人员签署保密协议,与关键岗位人员签署岗位责任协议(三级及以上系统)
SM5d	应从内部人员中选拔从事关键岗位的人员(四级系统)
SM5e	应及时终止离岗人员的所有访问权限,取回各种身份证件、钥匙、徽章等以及机构提供的软硬件设备(一级及以上系统)
SM5f	离岗人员应办理严格的调离手续,并承诺调离后的保密义务后方可离开(三级及以上系统)

2.9.6 安全教育和培训

1. 业绩目标

明确各类人员网络安全意识教育和岗位技能培训大纲与执行计划,按计划组织开展培训、考核和授权上岗，促进各类人员理解、掌握和执行公司网络安全方针、制度、技术标准和工作程序。该业绩目标的负责人是信息安全与保密专业/各部门负责人。

2. 评估准则

安全教育和培训评估准则由 3 个评估项组成，如表 2-71 所示。

表 2-71　安全教育和培训评估准则

评估项代码	评估项内容描述(适用的等级保护级别)
SM6a	**应对各类人员进行安全意识教育和岗位技能培训，并告知相关的安全责任和惩戒措施(一级及以上系统)**
SM6b	应针对不同岗位制订不同的培训计划，对安全基础知识、岗位操作规程等进行培训(三级及以上系统)
SM6c	应定期对不同岗位的人员进行技术技能考核(三级及以上系统)

2.9.7　外部人员访问管理

1. 业绩目标

建立和执行外部人员访问安全要求、流程和表单，包括外部人员物理访问受控区域、接入受控网络访问系统、离场后访问权限清除、信息安全责任和保密义务等，有效控制因外部人员访问产生的相关网络安全风险。该业绩目标的负责人是网络信息管理/信息安全与保密专业负责人。

2. 评估准则

外部人员访问管理评估准则由 5 个评估项组成，如表 2-72 所示。

表 2-72　外部人员访问管理评估准则

评估项代码	评估项内容描述(适用的等级保护级别)
SM7a	应在外部人员物理访问受控区域前先提出书面申请，批准后由专人全程陪同，并登记备案(二级及以上系统)
SM7b	**应在外部人员接入受控网络访问系统前先提出书面申请，批准后由专人开设账户、分配权限，并登记备案(二级及以上系统)**
SM7c	外部人员离场后应及时清除其所有的访问权限(二级及以上系统)

续表

评估项代码	评估项内容描述(适用的等级保护级别)
SM7d	获得系统访问授权的外部人员应签署保密协议,不得进行非授权操作,不得复制和泄露任何敏感信息(三级及以上系统)
SM7e	对关键区域或关键系统不允许外部人员访问(四级系统)

第3章

网络安全同行评估任务设计

在组织开展同行评估的全过程中，都应该围绕如何持续提升网络安全防护能力和如何持续打赢网络安全保卫战这一工作目标进行网络安全同行评估任务设计，主要包括受评方的特点及其所处的内外部环境分析、外部网络安全威胁分析、关键数字资产的识别和自身脆弱性分析、网络安全风险识别和防护策略的评估和优化等。

3.1 同行评估工作目标和基本思路

同行评估工作是针对受评方持续提升网络安全防护能力和持续打赢网络安全保卫战的目标而开展的。图 3-1 给出了网络安全同行评估工作的目标和基本思路。评估方在组织开展同行评估的全过程中都应该围绕这一工作目标进行受评方的特点及其所处的内外部环境分析、外部网络安全威胁分析、关键数字资产的识别和自身脆弱性分析、网络安全风险识别和防护策略的评估和优化等。其中,可以应用 PEST 分析、SWOT 分析、风险评估、平衡计分卡和对标分析等思路和方法。为便于读者理解评估时如何有效开展风险识别和脆弱性分析,以工控系统为例,附录 D 列举了工控系统常见的网络安全威胁及其描述,附录 E 列举了工控系统自身脆弱性及其描述。

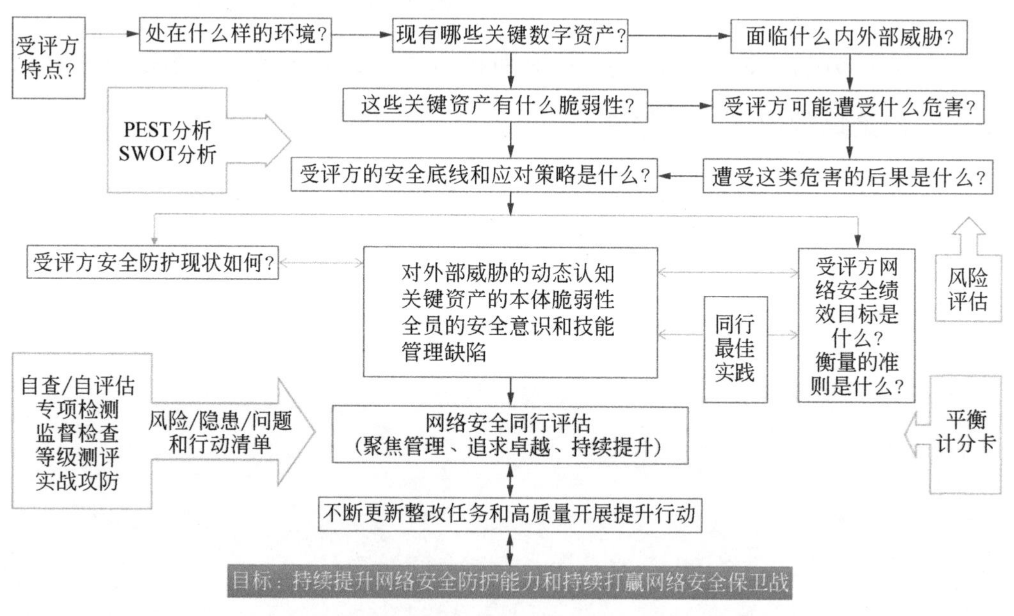

图 3-1 网络安全同行评估工作的目标和基本思路

评估方要鼓励和辅导受评方动态、系统、全面和持续地通过自查/自评估、专项检测、监督检查、等级测评和实战攻防等方式识别和管控各类网络安全风险和隐患,聚焦管理缺陷，纳入网络安全提升行动计划，进行滚动修订和有效整改。其中，要特别注重辅导受评方明确和分解压实各级管理者、技术人员和全体用户的网络安全绩效责任，推行同行评估提倡的“聚焦管理、追求卓越、持续提升”的工作理念，围绕实战化、常态化和体系化的网络安全能力建设要求，坚持不懈，抓细做实，不断提升。

为了有效实现同行评估工作目标，评估方应该针对受评方的基本情况和特点，首先合理和有针对性地确定同行评估工作内容，包括确定评估工作重点领域、子领域、系统和责任主体。其次需要把拟评估内容分类组合为若干项评估任务，并且把承担每一项评估任务的责任尽早明确落实到具体的评估员，由领域评估员负责编制同行评估任务作业指导书，经过评估队内会议集体讨论和相互补充后确定。评估队队长和领队在此过程中应该发挥总体统筹、分工协作、沟通协调和分析研判的作用，使所有的现场评估任务作业指导书相互衔接、互为补充和支撑，从总体评估的高度始终把握重点、抓准弱项、不留盲区、找准原因，使现场评估工作始终指向受评方网络安全领域真正面临的风险、隐患和问题，有效识别出受评方网络安全存在的短板弱项，为受评方网络安全防护能力的整改和持续提升提供全面、精准、有效的输入。

3.2　确定同行评估的内容

针对每一次同行评估工作，在遵循上述评估工作目标和基本思路的基础上，建议评估方结合下面介绍的评估内容确定方法和原则，拟定评估工作重点和评估任务作业指导书，与受评方协商确定评估工作重点领域、子领域、系统和责任主体，然后由领域评估员负责编制评估任务作业指导书。

应该注意的是，同行评估针对的是受评方整体网络安全业绩目标实现的防护能力及其待改进项，而非某个特定系统（等级测评对象）是否满足等级测评的基本要求。因此，评估方在确定同行评估工作内容时，要特别善于利用自查/自评估、监督检查、等级测评、攻防演习等各类已有工作成果，尽量不将重复性的工作纳入评估工作内容，要善于关注已开展工作之外可能存在的盲区以及风险、隐患之下可能存在的管理缺陷。也就是说，在有限的评估时间内，应该以已有工作成果为基础，以更多的时间和精力协助受评方全面、系统和针对性地发现网络安全主要风险、盲区、短板弱项，开展根本原因分析，找准管理缺陷，确定待改进项及其改进建议。图 3-2 给出了同行评估与监督检查、等级测评和自查内审等工作之间的关系。

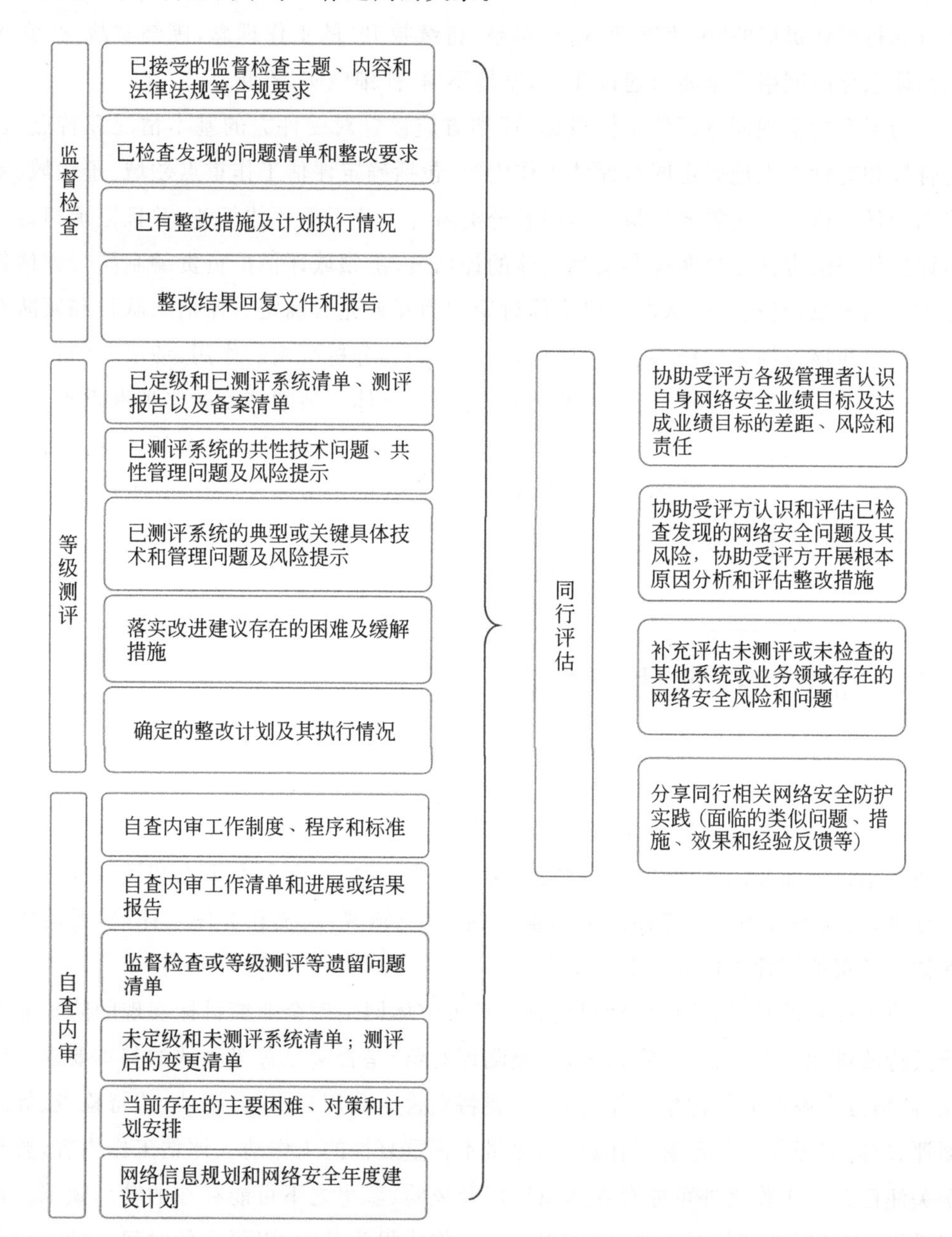

图 3-2　同行评估与等级测评、监督检查和自查内审等工作之间的关系

3.2.1　同行评估内容确定方法

同行评估内容的确定方法通常包括全覆盖法、重点项抽取法、增项评估法和综合评估法。

(1) 全覆盖法。选取受评方网络安全九大领域的全部内容或某个领域的所有子领域及其评估项。

(2) 重点项抽取法。根据国家主管部门或受评方对网络与信息系统进行安全评估工作的实际预期和目标需求，从评估领域中确定重点子领域、重点系统或评估项，只评估重点项。

(3) 增项评估法。根据国家主管部门或受评方对网络与信息系统进行安全评估工作的实际预期和目标的需求，新增现有评估标准中未包含的评估项。

(4) 综合评估法。对于评估内容不仅可以采取单一方法进行选择，而且可以根据评估目的将多种方法相结合，如同时采用重点项抽取法和增项评估法，由受评方与评估方协商确定评估内容。

3.2.2　同行评估内容确定原则

同行评估内容的确定原则一般包括威胁与脆弱性识别原则、与等级测评等互补原则、恰当选取和保证强度原则以及聚焦管理弱项原则。

(1) 威胁与脆弱性识别原则。评估员应基于对受评方可能面临的外部网络威胁和自身可能存在的脆弱性等的经验判断，与受评方共同确定评估的重点内容。受评方应针对自有IT资产尤其是关键信息资产的脆弱性进行识别和自评估。评估时可参考附录D和附录E。

(2) 与等级测评等互补原则。在确定评估内容时，可充分利用评估对象已有的最新等级测评等工作的报告成果，同时应特别关注和选择未测评或未检查的其他系统或业务领域，识别和评估其中可能存在的网络安全盲区、风险和问题。

(3) 恰当选取和保证强度原则。选取的具体评估对象要恰当，既要避免漏选重要的对象、可能存在安全隐患的对象，也要避免由于过多选择而使得工作量过大，要达到与评估对象对应风险大小及其重要性相适应的评估强度。

(4) 聚焦管理弱项原则。特别需要指出的是，同行评估不同于等级测评等活动，不能过于陷入或限于技术评估或测评验证，应基于事实偏差，从提升网络安全领导力和打造网络安全文化的高度，按照追求卓越的理念，聚焦管理，发现管理弱项和重要偏差及其根本原因。这是选择确定评估内容的重要原则。

3.2.3 同行评估内容应覆盖系统全生命周期

网络与信息系统生命周期包含5个基本阶段：规划阶段、设计阶段、实施阶段、运行维护阶段和废弃阶段。同行评估工作开展过程中，评估队应重点审视受评方是否按照网络安全"三同步"的原则，把安全评审或自评估工作贯穿于系统全生命周期的各个阶段。评估员要善于通过文档查阅和人员访谈等方法，充分利用受评方在系统全生命周期各阶段的安全评审或自评估报告，识别、发现和评价受评方在系统全生命周期各阶段和各环节其网络安全业绩目标实现的水平和存在的偏差事实。

(1) 规划阶段。该阶段的安全评审的任务是根据系统的业务使命和功能，确定系统建设应达到的安全目标。主要根据未来系统的应用对象、应用环境、业务状况、操作要求等方面进行威胁分析，重点分析系统应达到的安全目标。规划阶段的安全评审结果应包含在系统整体规划中，是评估员针对规划阶段开展同行评估的重要输入。

(2) 设计阶段。该阶段的安全评审需根据规划阶段明确的系统安全目标，对系统设计方案的安全功能设计进行判断，以确保设计方案满足系统安全目标，并作为采购过程风险控制的依据。设计阶段的安全评审结果最终应体现在系统设计方案中，是评估员对设计阶段开展同行评估的重要输入。

(3) 实施阶段。该阶段的安全评审的任务是根据系统安全需求和运行环境对系统开发实施过程进行安全风险识别，并对系统建成后的安全功能进行验证。安全评审中需对规划阶段的安全威胁进行进一步细分，验证安全措施的实现程度，判定已建立的安全措施能否抵御现有威胁、脆弱性的影响，并应对源代码进行安全测评。相关安全评审报告和测评资料是评估员对实施阶段开展同行评估的重要输入。

(4) 运行维护阶段。该阶段安全自评估的任务是掌握和控制系统运行过程中的安全风险，包括对在线运行的核心业务或生产系统资产、威胁、脆弱性等的自评估。运行维护阶段的安全自评估应常态化开展。自评估报告是评估员对运行维护阶段开展同行评估的重要输入。

(5) 废弃阶段。受评方对废弃阶段的安全评审的任务是重点分析废弃资产对组织的影响，对因系统废弃可能带来的新的威胁进行分析。废弃阶段的安全评审可包括以下内容：①系统软硬件等资产及残留信息的废弃处置；②废弃部分与其他系统或部分的物理或逻辑连接情况；③在系统变更时发生废弃，对变更部分进行评审。受评方对废弃阶段的安全评审报告是评估员对废弃阶段开展同行评估的重要输入。

3.3 明确同行评估的任务

按照3.1节描述的同行评估工作目标，同行评估是以持续提升受评方网络安全防护能力和持续打赢网络安全保卫战为目标，以网络安全业绩目标与准则为基准，以有效贯彻落实网络安全“三同步”原则、着力提升受评方网络安全本体和本质安全水平为根本，在受评方自查和等级测评等相关工作的基础上，通过评估方组织的同行专家力量，协助受评方全面落实网络安全保护“三化六防”措施的系统性方法。开展同行评估，应该基于内外部环境的分析，针对受评方（关键）数字化资产，协助受评方识别内外部威胁和数字化资产的脆弱性。同行评估任务的设计应该具有全面性和系统性，应该抓住关键数字资产，着力发现短板弱项，应该聚焦管理，以追求卓越的工作精神切实识别出受评方在网络安全领域的待改进项，并从受评方网络安全技术、管理、运维和监督等方面提出系统性和有针对性的待改进项和改进措施建议。

因此，评估方在确定同行评估任务时，一般应该考虑网络结构安全、网络安全建设管理、网络基础设施物理环境安全、网络安全运维管理能力、网络安全监测防护能力、网络安全管理体系及其执行有效性、全员网络安全意识和基本技能、网络安全整体领导力和推进力8个基本内容，同时应针对受评方的6个关键典型网络和信息系统（包括工控系统、生产管理系统、经营管理系统、移动应用系统、互联网应用系统以及集权类系统）的本体安全及其运维管理进行重点评估。以这14大类典型评估任务为基础，评估和发现其中的事实偏差、业绩偏差和待改进项，对受评方的网络安全整体防护能力开展网络安全总体评估，尽可能分享和提出富有实效的改进建议。

3.4 编制同行评估任务作业指导书

在评估员确定每一项评估任务的具体评估内容时，仍可以参考3.2节提出的原则和方法。3.5节详细列出了同行评估典型任务作业指导书要点，供评估员编制具体评估任务作业指导书时参考。以下给出编制同行评估任务作业指导书时需要遵循的具体原则和思路要点，包括选定对应的业绩目标、确定具体评估对象以及选定评估准则和评估项。

3.4.1 选定对应的业绩目标

根据评估任务对应的评估领域或子领域，选定相应的领域或子领域业绩目标，作为开展评估任务时发现业绩目标偏差的评估基准。例如，对于安全建设管理领域的评估任务，对应的业绩目标（见 2.6 节）就是：按照《网络安全法》“三同步”原则，开展网络安全等级保护，明确并落实方案设计、产品采购、软件开发、工程实施、测试交付和服务供应商选择等关键环节以及移动应用、工控系统、大数据平台建设等重要业务的网络安全要求，从建设源头提升本质安全能力。

在设计和开展该项任务的现场评估时，评估员应该以此业绩目标要求作为评估基准，可以针对安全建设管理领域包括的定级备案和等级测评（SC1）、方案设计和产品采购（SC2）、软件开发（SC3）、工程实施与测试交付（SC4）、服务供应商选择（SC5）、移动应用安全建设扩展要求（SC6）、工控系统安全建设扩展要求（SC7）、大数据安全建设扩展要求（SC8）这 8 个子领域，结合受评方在网络安全建设管理方面可能存在的风险和弱项，有重点地选定具体适用的评估项。

在开展现场评估时，往往需要选定一些核心业务系统或应用系统作为同行评估对象。对于这类核心业务系统或应用系统（如 3.5.3 节至 3.5.8 节的示例）的同行评估，其业绩目标主要参照安全计算环境的业绩目标（见 2.5 节）以及相应扩展要求的子领域业绩目标。例如，对于工控系统来说，同行评估的业绩目标主要可包括两方面：

（1）制定和执行身份鉴别、访问控制、安全审计和可信验证、入侵和恶意代码防范、数据完整性和保密性、数据备份恢复、剩余信息和个人信息保护等方面的安全要求，从设计源头保证计算环境的数据、信息和系统安全。

（2）明确不同等级的工控系统控制设备的安全要求、安全策略、控制措施和记录表单，通过身份鉴别、访问控制、安全审计、外设和端口最少化、上线前或维修中安全性测试等方式，保证工控系统控制设备的安全运行和维护管理。

3.4.2 确定具体评估对象

1. 确定具体评估对象的原则

具体评估对象是评估员开展同行评估工作的直接工作对象，也是指定评估任务范围内包括的特定业务系统所对应的安全功能的具体组件，包括有关管理、使用和运维人员。因此，确定具体评估对象是编制评估任务作业指导书的必要步骤，也是整个评估工作的基础环节。恰当地选择具体评估对象的种类、数量和相关人员，是整个同行评估工作能够获取足够事实证据、了解受评方的真实安全保护状况的重要保证。

具体评估对象的确定可以基于风险弱项驱动的思路，即根据评估员的经验和类似场景通常存在的高风险项或管理缺陷，选择相应业务系统中具有类似风险的代表性组件及其责任主体作为具体评估对象。同时，应兼顾工作投入与结果产出两者的平衡关系。在确定具体评估对象时，可参照的原则如下：

(1) 重要性原则，即应选择相应业务系统中重要的服务器、数据库和网络设备等。

(2) 安全性原则，即应选择相应业务系统中对外暴露的网络边界。

(3) 共享性原则，即应选择相应业务系统中共享设备和数据交换平台/设备。

(4) 全面性原则，即应尽量覆盖系统各种设备类型、操作系统类型、数据库系统类型和应用系统类型。

(5) 符合性原则，即选择的设备、软件系统等应能符合相应风险等级的评估强度要求。

(6) 责任主体原则，即应选择相应业务系统和组件的设计、采购、建设、使用或运维的责任岗位。

2. 确定具体评估对象的步骤

确定具体评估对象时，可以对系统构成组件进行分类，再考虑重要性等其他属性。一般可以直接采用分层抽样方法，复杂系统建议采用多阶抽样方法。

在确定具体评估对象时可参考以下步骤：

(1) 对系统构成组件进行分类。例如，可以在粗粒度上将系统构成组件分为客户端(主要考虑操作系统)、服务器(包括操作系统、数据库管理系统、应用平台和业务应用软件系统)、网络互联设备、安全设备、安全相关人员和安全管理文档，也可以在上述分类基础上继续细化。

(2) 对于每一类系统构成组件，应依据风险评估结果进行重要性分析，选择对受评方而言重要程度高的服务器操作系统、数据库系统、网络互联设备、安全设备、安全相关人员以及安全管理文档等。

(3) 对于步骤(2)获得的选择结果，分别进行安全性、共享性和全面性分析，进一步完善具体评估对象集合。具体如下：

① 考虑到网络攻击技术的自动化和获取渠道的多样化，应选择部署在系统边界的

网络互联或安全设备以评估暴露的系统边界的安全性，衡量拟评估对象被外界攻击的可能性。

② 考虑到新技术、新应用的特点和安全隐患，应选择面临威胁较大的设备或组件作为具体评估对象，衡量这些设备被外界攻击的可能性。

③ 考虑不同等级互联的安全需求，应选择共享/互联设备作为具体评估对象，以评估通过共享/互联设备与被评估对象互联的其他对象是否会增加不安全因素，衡量外界以共享/互联设备为跳板攻击受评方的可能性。

④ 考虑不同类型对象存在的安全问题会有所不同，选择的具体评估对象结果应尽量覆盖系统中具有的网络互联设备类型、安全设备类型、主机操作系统类型、数据库系统类型和应用系统类型等。

(4) 依据拟评估对象的风险大小和重要性，对相应的评估力度进行恰当性分析，综合衡量评估投入和结果产出，恰当地确定具体评估对象的种类、数量和责任主体。

3. 具体评估对象样例

按照以上原则和步骤，下面给出具体评估对象的考虑范围样例：

(1) 主机房和辅机房(包括其环境、设备和设施等)。

(2) 介质的存放环境。

(3) 办公场地。

(4) 系统的网络拓扑结构。

(5) 安全设备，包括防火墙、入侵检测设备和防病毒网关等。

(6) 边界网络设备(可能会包含安全设备)，包括路由器、防火墙、认证网关和边界接入设备(如楼层交换机)等。

(7) 主要网络互联设备，包括核心和汇聚层交换机。

(8) 主要服务器(包括其操作系统和数据库)。

(9) 管理终端和主要业务应用系统终端。

(10) 应用系统。

(11) 业务备份系统。

(12) 信息安全主管人员、各方面的负责人员、具体负责安全管理的当事人、业务负责人。

(13) 涉及拟评估对象安全的所有管理制度和记录。

从等级保护定级的视角看，在确定具体评估对象时，要求如下：四级完全覆盖，三级基本覆盖，二级覆盖重要设备设施，一级覆盖关键设备设施，同时应评估相关的责任人员和文档记录等。在以上考虑范围基础上，对于云计算平台及其服务、物联网类系统、移动互联类系统、工控类系统和 IPv6 系统等类型的评估对象，还应补充考虑其特定的具体评估对象。

(1) 对于云计算平台及其服务，还需考虑以下具体评估对象：

① 虚拟设备，包括虚拟机、虚拟网络设备、虚拟安全设备等。

② 云操作系统、云业务管理平台和虚拟机监视器。

③ 云租户网络控制器。

④ 云应用开发平台等。

(2) 对于物联网类系统，还需考虑以下具体评估对象：

① 感知节点工作环境(包括感知节点和网关等感知层节点工作环境)。

② 边界网络设备，如认证网关、感知层网关等。

③ 对整个拟评估对象的安全性起决定作用的网络互联设备、感知层网关等。

(3) 对于移动互联类系统，还需考虑以下具体评估对象：

① 无线接入设备工作环境。

② 移动终端、移动应用软件和移动终端管理系统。

③ 对整个拟评估对象的安全性起决定作用的网络互联设备、无线接入设备。

④ 无线接入网关等。

(4) 对于工控类系统，还需考虑以下具体评估对象：

① 现场设备工作环境。

② 工程师站、操作员站、OPC 服务器、实时数据库服务器和控制器嵌入式软件等。

③ 对整个拟评估对象的安全性起决定作用的网络互联设备、无线接入设备等。

(5) 对于 IPv6 系统，还需考虑的具体评估对象：

① IPv4/IPv6 转换设备或隧道端设备等。

② 对整个拟评估系统的安全性起决定作用的双栈设备等。

③ 承载受评方主要业务或数据的双栈服务器等。

3.4.3　选定评估准则和评估项

具体评估对象确定以后，即可根据具体评估对象的属性和特点，参照相应领域或子领域的评估准则(2.1 节至 2.9 节的评估准则)，选择确定具体评估对象适用的评估项。结合等级测评等经验反馈，参照高风险判定指引，建议参照附录 C 给出的常见网络安全基本问题描述(FOB)，将相关高风险项作为具体评估对象的重点评估项。这样，在开展现场评估工作时，即可直接参照评估项的基本要求，快速、有效地开展具体评估工作，自下而上地发现具体的事实偏差，为领域和子领域的业绩偏差识别提供充分的事实依据。

示例 1：对于具体评估对象为“主机房和辅机房（包括其环境、设备和设施等）”，参照 2.2 节给出的安全物理环境业绩目标与准则，重点从物理位置选择（PE1）、物理访问控制（PE2）、机房物理防护（PE3）、电力供应（PE4）4 个评估子领域中选择确定适用评估项。其中建议重点考虑的高风险项包括：PE1c（应保证云计算基础设施位于中国境内）；PE2a（机房出入口应配置电子门禁系统，控制、鉴别和记录进入的人员）；PE2e（应设置机房防盗报警系统或设置有专人值守的视频监控系统）；PE3c（机房应设置火灾自动消防系统，能够自动检测火情、自动报警并自动灭火）；PE4b（应提供短期的备用电力供应，至少满足设备在断电情况下的正常运行要求）；PE4d（应提供应急供电设施）。为节省篇幅，后续类似描述，一般仅列出评估项代码，如 PE1c、SL1b，省略评估项的内容描述。

示例 2：对于具体评估对象为“信息安全主管人员、各方面的负责人员、具体负责安全管理的当事人、业务负责人”，评估重点应该是各类人员的身份、安全背景、岗位责任、安全意识、素质能力、保密、日常安全工作中的行为习惯和履行岗位职责时对应的工作记录等，重点关注这些人员是否知道自己的网络安全业绩目标、岗位责任，是否具备相应的管理和技术能力，网络安全意识是否不强，工作是否细致、规范，文档记录是否及时、准确、清晰，是否有一些常见的不安全使用习惯，等等。可以参照 2.1 节至 2.9 节网络安全领导力业绩目标与准则（2.1 节）、安全管理保障业绩目标与准则（2.9 节）以及安全建设管理、运维管理和监测防护等领域（2.6 节至 2.8 节）与人员工作行为习惯和程序规范遵守等相关评估项，例如 SL1b、SL2b、SL5b、SL6d、SM2a～SM2g、SM3d、SM3e、SM3f、SM5a～SM5f、SM6a、SM6b、SM6c、SM7a～SM7e、SC3g、SC4g、SO5c 等相关评估项。

对于核心业务系统或应用系统（3.5.3 节至 3.5.8 节）的同行评估，其具体评估对象可按照系统组件的特点分为 7 类（网络设备、安全设备、服务器、终端设备、数据库、应用系统和数据），并考虑这 7 类组件相关的责任主体和文件记录。其中，应按 3.2.3 节给出的系统全生命周期评估的原则，关注这些系统在规划、设计、建设和运行维护等各阶段安全评审或自评估情况，将相关安全评审或自评估风险隐患对象纳入具体评估对象清单，然后分别就这些具体评估对象进行评估项的选择。表 3-1 给出了这 7 类系统组件用的评估项表，供评估员在编制修订评估任务作业指导书时参考。

表 3-1　核心业务系统或应用系统 7 类系统组件适用的评估项

系统组件	评估项类别						
	身份鉴别（CE1）	访问控制（CE2）	安全审计和可信验证（CE3）	入侵和恶意代码防范（CE4）	数据完整性和保密性（CE5）	数据备份恢复（CE6）	剩余信息和个人信息保护（CE7）
网络设备（路由器、交换机）	CE1a、CE1b、CE1c、CE1d	CE2a、CE2b、CE2c、CE2d	CE3a、CE3b、CE3c、CE3d、CE3e	CE4b、CE4c、CE4e			
安全设备（防火墙）	CE1a、CE1b、CE1c、CE1d	CE2a、CE2b、CE2c、CE2d	CE3a、CE3b、CE3c、CE3d、CE3e	CE4c、CE4e、CE4f			
服务器（Linux、Windows）	CE1a、CE1b、CE1c、CE1d	CE2a、CE2b、CE2c、CE2d、CE2e、CE2f、CE2g	CE3a、CE3b、CE3c、CE3d、CE3e	CE4a、CE4b、CE4c、CE4e、CE4f、CE4j			
终端设备	CE1a、CE1b、CE1c	CE2a、CE2b、CE2c	CE3e	CE4a、CE4b、CE4e、CE4j			
数据库（Oracle、MySQL）	CE1a、CE1b、CE1c、CE1d	CE2a、CE2b、CE2c、CE2d、CE2e、CE2f、CE2g	CE3a、CE3b、CE3c、CE3d、CE3e	CE4a、CE4c、CE4e			
应用系统	CE1a、CE1b、CE1c、CE1d	CE2a、CE2b、CE2c、CE2d、CE2e、CE2f、CE2g	CE3a、CE3b、CE3c、CE3d、CE3e			CE6c	CE7a、CE7b、CE7e、CE7f
数据					CE5a、CE5b、CE5d、CE5e	CE6a、CE6b、CE6d	

3.5 同行评估典型任务作业指导书要点

如 3.3 节所述，同行评估中一般应考虑 14 大类典型评估任务。结合 3.4 节提出的同行评估任务作业指导书的编制原则、思路和方法，下面结合每一类典型评估任务的自身特点，分别详细介绍每一类典型评估任务作业指导书的编制要点。

3.5.1 网络结构安全评估作业指导书要点

网络结构安全体现了受评方整个网络安全防护体系的基础安全能力，是受评方网络总体安全的基础框架，为受评方各项网络安全防护措施的有效落实和发挥作用提供基础支撑。因此，网络结构安全评估是评估方开展网络安全同行评估需要考虑的基础内容和首要评估任务。网络结构安全评估主要涉及网络结构安全的设计、建设、运维和管理等，详见 2.6.2 节安全建设管理领域的方案设计和产品采购子领域（SC2）以及 2.3.1 节安全通信网络领域的网络架构子领域（SN1）和 2.4 节安全区域边界防护领域的子领域的业绩目标与准则。

1. 网络结构安全业绩目标

编制、论证和审定安全整体规划、安全专项方案和安全措施，审核验证拟采购网络安全产品、密码产品与服务的合规性，从方案设计和产品采购的关键环节提升网络结构和系统本体安全能力。

2. 网络结构安全具体评估对象

网络结构安全具体评估对象如下：

（1）网络安全总体规划和安全设计方案。

（2）网络系统结构总图、网络分区分级设计说明和网络地址分配表。

（3）关键应用系统等级保护定级清单以及安全分域设计说明。

（4）互联网出口清单、分布和连接图。

(5) 无线网接入方式和安全控制说明。

(6) 移动应用访问控制和远程接入控制安全设计说明。

(7) 主要边界网络设备(可能会包含安全设备),包括路由器、防火墙、认证网关和边界接入设备(如楼层交换机)等。

(8) 主要网络互联设备,包括核心和汇聚层交换机。

(9) 主要安全设备,包括防火墙、入侵检测设备和防病毒网关等。

(10) 域控、堡垒机、网管、数字证书、软件分发、补丁下发等集权类系统安全设计说明。

(11) 安全监测管理平台设计方案和使用手册。

(12) 涉及网络结构安全的其他设计方案或说明。

(13) 信息安全规划设计人员、基础设施网络架构师、移动应用和终端安全工程师。

3. 网络结构安全评估准则要点和评估项选用

承担此任务的评估员参照受评方所在行业要求和网络安全业绩目标与评估准则等,结合受评方网络安全现状和评估员预判的网络安全风险,具体确定评估准则要点。建议考虑以下重点评估项:

(1) 安全建设管理(2.6节):方案设计和产品采购(SC2),参考SC2b(应根据保护对象的安全保护等级及与其他级别保护对象的关系进行安全整体规划和安全方案设计,设计内容应包含有密码技术和网络结构安全相关的内容,并形成配套文件)等评估项基本要求。

(2) 安全通信网络(2.3节):网络架构(SN1),参考SN1d(应避免将重要网络区域部署在网络边界处,重要网络区域与其他网络区域之间应采取可靠的技术隔离手段)、SN1c(应划分不同的网络区域,并按照方便管理和控制的原则为各网络区域分配地址)、SN3a(将工控系统与企业其他系统划分为两个区域,区域间应采用符合国家或行业规定的专用产品实现单向安全隔离)、SN3b(工控系统内部应根据业务点划分为不同的安全域,安全域之间应采用技术隔离手段)。

(3) 安全区域边界(2.4节):边界防护(RB1),参考RB1b(应能够对非授权设备私自联到内部网络的行为进行检查或限制)、RB1c(应能够对内部用户非授权联到外部网络的行为进行检查或限制)、RB1d(应限制无线网络的使用,确保无线网络通过受控的边界设备接入内部网络);边界访问控制(RB2),参考RB2a(应在网络边界或区域之间根据控制策略设置访问控制规则，默认情况下除允许的通信外受控接口拒绝所有通信)、RB2g(应在不同等级的网络区域边界部署访问控制机制，设置访问控制规则)、RB2h(无线接入设备应开启接入认证功能，并支持采用认证服务器进行认证或国家密码管理机构批准的密码模块进行认证)、RB2i(应在工业控制系统与企业其他系统之间部署访问控制设备，配置访问控制策略，禁止任何穿越区域边界的 e-mail、Web、telnet、rlogin、FTP 等通用网络服务)；入侵、恶意代码和垃圾邮件防范(RB3)，参考 RB3a(应在关键网络节点处检测、防止或限制从外部发起的网络攻击行为)、RB3b(应在关键网络节点处检测、防止或限制从内部发起的网络攻击行为)、RB3e(应在关键网络节点处对恶意代码进行检测和清除，并维护恶意代码防护机制的升级和更新)；边界安全审计和可信验证(RB4)，参考 RB4a(应在网络边界、重要网络节点进行安全审计，审计覆盖到每个用户，对重要的用户行为和重要的安全事件进行审计)等评估项基本要求。重点关注互联网出口边界、与下属机构的网络边界、无线网络接入边界、上级主管部门外部接入边界、管理网与生产网连接边界。

(4) 安全运维管理(2.7 节)：网络和系统安全管理(SO4)，参考 SO4i(应严格控制远程运维的开通，经过审批后才可开通远程运维接口或通道，操作过程中应保留不可更改的审计日志，操作结束后立即关闭接口或通道)、SO4j(应保证所有与外部的连接均得到授权和批准，应定期检查违反规定无线上网及其他违反网络安全策略的行为)；漏洞和恶意代码防范(SO5)，参考 SO5c(应提高所有用户的防恶意代码意识，对外来计算机或存储设备在接入系统前进行恶意代码检查等)。

(5) 安全计算环境(2.5 节)：身份鉴别(CE1)，参考 CE1a(应对登录的用户进行身份标识和鉴别，身份标识具有唯一性，身份鉴别信息具有复杂度要求并定期更换)、CE1c(当进行远程管理时，应采取必要措施防止鉴别信息在网络传输过程中被窃听)。

(6) 网络安全领导力(2.1 节)：网络安全规划与能力建设 SL6，参考 SL6a(指导、推进和协调网络安全专项规划制定与实施)。

3.5.2 网络安全建设管理评估作业指导书要点

1. 网络安全建设管理业绩目标

按照网络安全法“三同步”原则，开展网络安全等级保护，明确并落实在方案设计、产品采购、软件开发、工程实施、测试交付和服务供应商选择等关键环节，以及移动应用、工控系统、大数据平台建设等重要业务的网络安全要求，从建设源头提升本体安全能力。

2. 安全建设管理具体评估对象

安全建设管理具体评估对象如下：

（1）网络和信息系统等级保护定级系统清单和定级备案审批报告。

（2）等级测评机构清单、资质证书及最新等级测评报告。

（3）网络安全整体规划、安全专项方案和专家评审报告。

（4）网络安全和信息化类产品采购程序和安全/密码产品销售许可证。

（5）软件开发管理制度、代码编写安全规范、代码安全测试审计报告。

（6）应用上线前安全测试验证报告。

（7）软件代码库及其安全管控程序文件。

（8）外包软件或关键数字资产软件供应商清单。

（9）供应商产品或服务的供应链安全责任承诺书和安全措施检查报告。

（10）外部合作单位和供应商网络安全与保密协议。

（11）针对工控等关键系统和安全产品的专业机构安全性检测报告。

（12）网络安全项目经理、采购经理、质保经理、外包管理经理等角色。

（13）以上程序或报告相关的检查、巡视、执行或验收记录表单。

3. 安全建设管理评估准则要点和评估项选用

安全建设管理评估准则要点包括受评方定级备案和等级测评（SC1）、方案设计和产品采购（SC2）、软件开发（SC3）、工程实施与测试交付（SC4）、服务供应商选择（SC5）、移动应用安全建设扩展要求（SC6）、工控系统安全建设扩展要求（SC7）、大数据安全建设扩展要求（SC8）共8个子领域的评估准则。承担此任务的评估员可参照受评方所在行业要求，结合受评方网络安全现状和评估员预判的安全风险，从安全建设管理（2.6节）中的8个子领域共51个评估项中选取适用的评估项基本要求。建议考虑以下重点评估项：

（1）SC1e：应定期进行等级测评，发现不符合相应等级保护标准要求的及时整改。

（2）SC1f：应在发生重大变更或级别发生变化时进行等级测评。

（3）SC2d：应确保网络安全产品采购和使用符合国家的有天规定。

(4) SC3c：应制定代码编写安全规范，要求开发人员参照规范编写代码。

(5) SC3h：应在软件交付前检测其中可能存在的恶意代码。

(6) SC3j：应保证开发单位提供软件源代码，并审查软件中可能存在的后门和隐蔽信道。

(7) SC4e：应进行上线前的安全性测试，并出具安全测试报告，安全测试报告应包含密码应用安全性测试相关内容。

(8) SC5b：应与选定的服务供应商签订相关协议，明确整个服务供应链各方需履行的网络安全相关义务。

(9) SC6a：应保证移动终端安装、运行的应用软件来自可靠分发渠道或使用可靠证书签名。

(10) SC7a：工控系统重要设备应通过专业机构的安全性检测后方可采购和使用。

(11) SC8b：应以书面方式约定大数据平台提供者的权限与责任、各项服务内容和具体技术指标等，尤其是安全服务内容。

3.5.3 工控系统本体安全及其运维管理评估作业指导书要点

工控系统是工业类企业的核心生产系统。对于非工业类企业，如银行、证券、广播电视和公共服务等，其核心生产系统可参照工控系统进行网络安全防护。工控系统一般部署在受评方网络的生产控制大区。涉及公共通信和信息服务、能源、交通、水利、金融、公共服务、电子政务等重要行业和领域的类似核心生产系统往往属于国家关键信息基础设施，因此，这类核心生产系统，尤其是国家关键信息基础设施相关系统的安全评估，是同行评估中的重点任务。

下面以典型发电厂电力监控系统为例，说明工控系统安全防护的一般要求，以便于读者理解和把握好工控系统本体安全评估作业指导书的编制要点。

典型发电厂电力监控系统如图 3-3 所示。

发电厂电力监控系统的安全防护要点如下：

(1) 发电厂现场过程级电力监控系统应在遵循总体防护原则的基础上，重点强化生产控制大区边界防护、物理安全防护、运行维护人员安全、系统及设备供应链安全管理等内部安全措施，保障电力监控系统现场运行安全。

(2) 发电厂过程级电力监控系统应合理划分局域网。例如，火电厂不同机组间的网络应采取一定隔离措施，防止不同机组电力监控系统网络直接相连；核电厂常规岛

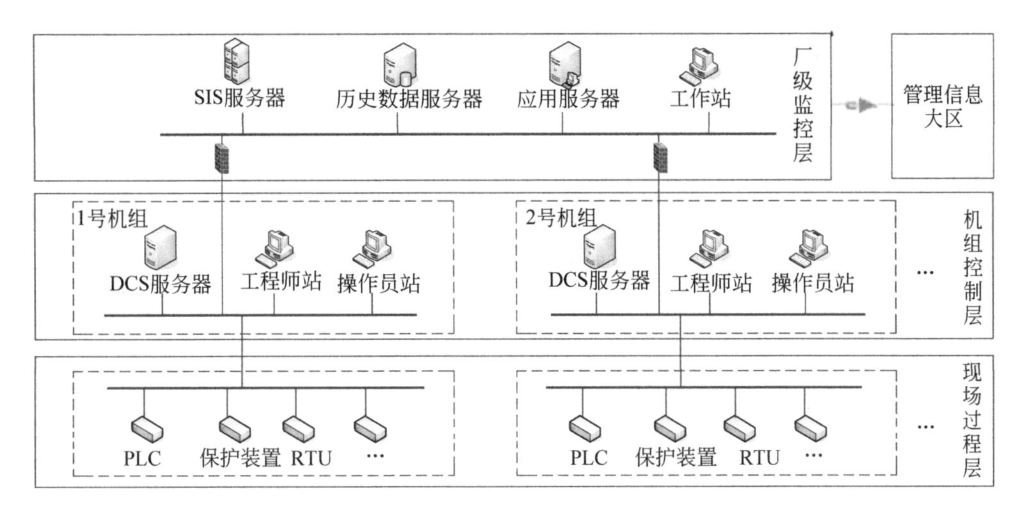

图 3-3　典型发电厂电力监控系统

电力监控系统网络应与核岛相关网络间采取一定隔离措施；光伏、风电等新能源电厂应严格按照“安全分区、网络专用、横向隔离、纵向认证”的原则落实电力监控系统安全防护要求。电厂生产控制大区与管理信息大区应严格遵循物理隔离要求，禁止生产控制大区通过任何方式与因特网相联。

(3) 禁止设备生产厂商或其他外部企业(单位)远程连接发电厂生产控制大区中的监控系统及设备。发电厂现场涉及远方控制功能的装置及设备应采用加密及身份认证等安全防护措施。发电厂生产控制大区中除安全接入区外，应禁止选用具有无线通信功能的设备。

(4) 发电厂生产控制大区中的业务系统与地方行业主管部门进行数据传输时，其边界防护应采用类似生产控制大区与管理信息大区之间的安全防护措施。

(5) 新建发电厂在设备选型及配置时，禁止选用被国家相关部门检测通报存在漏洞和风险的特定系统及设备(如控制器、PLC、工业以太网交换机、工控主机等关键设备)；已经投入运行的电厂监控系统及设备如存在已知的漏洞和风险，应按照要求及时进行加固，并强化网络隔离、安全管控等措施，保障运行安全。

(6) 新开发的发电厂监控系统应将安全防护设施融入监控系统设计、研发中，利用数字证书、安全标签保护电力生产控制过程。

(7) 发电厂现场运行系统及设备关键部位，除自动化控制机制外，还应设置人工操作设施，作为自动化控制系统失效时的应急备用措施。

工控类系统的同行评估应侧重其本体安全以及运维管理质量以及辅助安全区域边界、安全建设管理、安全监测防护、体系管理和能力建设等评估维度。工控类系统同行评估业绩目标的选择、具体评估对象的确定以及评估项的选定方法参照3.4节介绍的同行评估任务作业指导书的编制原则和思路进行，其要点如下。

1. 工控系统本体安全及其运维管理业绩目标

工控系统本体安全及其运维管理业绩目标如下：

(1) 制定和执行身份鉴别、访问控制、安全审计和可信验证、入侵和恶意代码防范、数据完整性和保密性、数据备份恢复、剩余信息和个人信息保护等方面的安全要求，从设计源头保证计算环境的数据、信息和系统安全(CE)。

(2) 明确不同等级工控系统控制设备的安全要求、安全策略、控制措施和记录表单，通过身份鉴别、访问控制、安全审计、外设和端口最少化、上线前或维修中安全性测试等方式，保证工控系统控制设备的安全运行和维护管理(CE11)。

(3) 按照常态化要求，建立、应用和不断完善安全运维工作体系，将IT环境、资产和配置、设备维护和介质、网络和系统安全、漏洞和恶意代码防范、密码、变更、备份和恢复、外包运维等安全管理和技术要求纳入日常IT运维工作，保证常态化运维工作的有效性(SO)。

2. 工控系统本体安全及其运维管理具体评估对象

工控系统本体安全及其运维管理具体评估对象如下：

(1) 服务器：主机房和辅机房(包括其设备工作环境、设备和设施等)；主要服务器(包括其操作系统和数据库)；OPC服务器、实时数据库服务器等。

(2) 数据库：如Oracle、MySQL、DB2等。

(3) 数据：介质的存放环境；业务备份系统。

(4) 应用系统及软件：应用系统、源代码；控制器嵌入式软件等。

(5) 网络设备：主要网络互联设备，包括核心和汇聚层交换机；边界网络设备(可能会包含安全设备)，包括路由器、防火墙、认证网关和边界接入设备(如楼层交换机)等。

(6) 终端设备：管理终端、主要业务应用系统终端；工程师站、操作员站等；无线接入设备等。

(7) 安全设备：包括防火墙、入侵检测设备和防病毒网关等。

(8) 责任主体：系统管理员、数据库管理员、应用管理员、网络管理员、审计管理员、关键用户、信息安全主管人员、工控业务负责人、软件供应商或开发商。

(9) 文件记录：涉及以上评估对象的主要管理制度和工作记录，包括系统架构图、网络拓扑图、系统用户清单、用户授权清单以及软件源代码安全性测试报告等。

3. 工控系统本体安全及其运维管理评估项选用

基于工控系统的架构图、网络拓扑图等文件，按照上述具体评估对象前7个类别，分析列出工控系统的组件清单，结合相关等级测评报告结果(如果有)，分析其中可能存在网络安全风险隐患的关键组件，参照表3-1，针对每一类关键组件选用对应的评估项基本要求。应特别关注选用其中的高风险项。

此外，还要针对工控系统的特点，选取工控系统安全扩展要求适用的有关评估项。主要包括以下评估项：

(1) SL6b：创造条件建立网络安全实验室、工控系统测试验证平台/靶场等基础设施。

(2) SN3a：将工控系统与企业其他系统划分为两个区域，区域间应采用符合国家或行业规定的专用产品实现单向安全隔离。

(3) SN3b：工控系统内部应根据业务特点划分为不同的安全域，安全域之间应采用技术隔离手段。

(4) SN3c：涉及实时控制和数据传输的工业控制系统应使用独立的网络设备组网，在物理层面上实现与其他数据网及外部公共信息网的安全隔离。

(5) RB8a：工控系统确需使用拨号访问服务的，应限制具有拨号访问权限的用户数量，并采取用户身份鉴别和访问控制等措施。

(6) RB8b：拨号服务器和客户端均应使用经安全加固的操作系统，并采取数字证书认证、传输加密和访问控制等措施。

(7) RB8c：涉及实时控制和数据传输的工控系统禁止使用拨号访问服务。

(8) RB8d：应对所有参与无线通信的用户(人员、软件进程或者设备)提供唯一性标识和鉴别。

(9) RB8e：应对所有参与无线通信的用户(人员、软件进程或者设备)进行授权以及对执行和使用进行限制。

(10) RB8f：应对无线通信采取传输加密的安全措施，实现传输报文的机密性保护。

(11) RB8g：对采用无线通信技术进行控制的工控系统，应能识别其物理环境中发射的未经授权的无线设备，报告未经授权试图接入或干扰工控系统的行为。

(12) CE11a：控制设备自身应实现相应级别安全通用要求提出的身份鉴别、访问控制和安全审计等安全要求，如控制设备受条件限制无法实现上述要求，应由其上位控制或管理设备实现同等功能或通过管理手段控制。

(13) CE11b：应在经过充分测试评估后，在不影响系统安全稳定运行的情况下对控制设备进行补丁更新、固件更新等工作。

(14) CE11c：应关闭或拆除控制设备的软盘驱动器、光盘驱动器、USB 接口、串行口或多余网口等，确需保留的应通过相关的技术措施实施严格的监控管理。

(15) CE11d：应使用专用设备和专用软件对控制设备进行更新。

(16) CE11e：应保证控制设备在上线前经过安全性检测，避免控制设备固件中存在恶意代码。

(17) SC7a：工业控制系统重要设备应通过专业机构的安全性检测后方可采购使用。

(18) SC7b：应在外包开发合同中规定针对开发单位、供应商的约束条款，包括设备及系统在生命周期内有关保密、禁止关键技术扩散和设备行业专用等方面的内容。

应特别关注选用其中的高风险项。

为了便于不同评估员对一些共性问题的交叉验证，获取对共性问题的不同观察意见，以便更客观地找准偏差事实，负责本评估任务的评估员还应该尽可能地从安全运维管理(SO)、安全建设管理(SC)以及移动互联和物联网等其他相关评估领域中，根据评估员的实际经验和对受评方的风险认识，补充选用其他评估项基本要求，应特别关注选用其中的高风险项，一并纳入本评估任务的评估作业指导书中。

3.5.4 生产管理系统本体安全及其运维管理评估作业指导书要点

生产管理系统涉及受评方生产作业或设备状态管理，一般部署在受评方网络的管理信息大区的生产管理区，往往与管理信息大区中的信息内网区采取物理隔离甚至物理断开等技术隔离措施。这类系统虽然不直接影响核心生产业务的安全可靠和连续稳定运行，但由于这类系统一般包括了生产作业或设备状态等实时数据或物联网类敏感生产信息，其网络安全问题不仅影响受评方的生产管理效率和质量，也可能会对受评方的社会声誉造成直接影响。对生产管理系统的同行评估应侧重其本体安全以及运维管理质量，辅助建设管理、监测防护、体系管理和能力建设等评估维度。生产管理系统同行评估业绩目标的选择、具体评估对象的确定以及评估项的选定方法参照3.4节同行评估任务作业指导书的编制原则和思路进行，其要点如下。

1. 生产管理系统本体安全及其运维管理业绩目标

生产管理系统本体安全及其运维管理业绩目标如下：

(1) 制定和执行身份鉴别、访问控制、安全审计和可信验证、入侵和恶意代码防范、数据完整性和保密性、数据备份恢复、剩余信息和个人信息保护等方面的安全要求，从设计源头保证计算环境的数据、信息和系统安全(CE)。

(2) 按照常态化要求，建立、应用和不断完善安全运维工作体系，将IT环境、资产和配置、设备维护和介质、网络和系统安全、漏洞和恶意代码防范、密码、变更、备份和恢复、外包运维等安全管理和技术要求纳入日常IT运维工作，保证常态化运维工作的有效性(SO)。

(3) 制定并执行物联网感知和网关等节点设备以及应用系统的安全策略、管理流程和记录表单，通过软件应用配置控制、身份标识和鉴别、关键密钥和配置参数在线更新、抗数据重放攻击等措施，保证物联网设备和数据安全(CE10)。

2. 生产管理系统本体安全及其运维管理具体评估对象

生产管理系统本体安全及其运维管理具体评估对象如下：

(1) 服务器：主机房和辅机房(包括其设备工作环境、设备和设施等)；主要服务器(包括其操作系统和数据库)。

(2) 数据库：如Oracle、MySQL、DB2等。

(3) 数据：介质的存放环境；业务备份系统。

(4) 应用系统及软件：应用系统，包括软件源代码。

(5) 网络设备：主要网络互联设备，包括核心和汇聚层交换机；边界网络设备(可能会包含安全设备)，包括路由器、防火墙、认证网关和边界接入设备(如楼层交换机)等。

(6) 终端设备：管理终端、主要业务应用系统终端、数据采集终端。

(7) 安全设备：包括防火墙、入侵检测设备和防病毒网关等。

(8) 传感网、感知和网关等节点设备及其连接设备。

(9) 责任主体：系统管理员、数据库管理员、应用管理员、网络管理员、审计管理员、关键用户、信息安全主管人员、业务负责人、软件供应商或开发商。

(10) 文件记录：涉及以上评估对象的主要管理制度和工作记录，包括系统架构图、网络拓扑图、系统用户清单、用户授权清单以及软件源代码安全性测试报告等。

3. 生产管理系统本体安全及其运维管理评估项选用

基于生产管理系统的架构图、网络拓扑图等文件，按照上述具体评估对象前 8 个类别，分析列出生产管理系统的组件清单，结合相关等级测评报告结果(如果有)，分析其中可能存在网络安全风险隐患的关键组件。参照表 3-1，针对每一类关键组件选用对应的评估项基本要求。应特别关注选用其中的高风险项。

此外，需要重点关注生产管理系统安全运维管理的质量，主要包括生产管理系统本身的环境管理(SO1)、资产和配置管理(SO2)、设备维护和介质管理(SO3)、网络和系统安全管理(SO4)、漏洞和恶意代码防范(SO5)、密码管理(SO6)、变更管理(SO7)、备份与恢复管理(SO8)和外包运维管理(SO9)等。应特别关注选用其中的高风险项。

如果涉及物联网类应用系统，还应考虑与物联网设备和数据安全相关的评估项，主要包括以下评估项：

(1) CE10a：应保证只有授权的用户才可以对感知节点设备上的软件应用进行配置或变更。

(2) CE10b：应具有对其连接的网关节点设备(包括读卡器)进行身份标识和鉴别的能力。

(3) CE10c：应具有对其连接的其他感知节点设备(包括路由节点)进行身份标识和鉴别的能力。

(4) CE10d：应具有对合法连接设备(包括终端节点、路由节点、数据处理中心)进行标识和鉴别的能力。

(5) CE10e：应具有过滤非法节点和伪造节点所发送的数据的能力。

(6) CE10f：授权用户应能够在设备使用过程中对关键密钥进行在线更新。

(7) CE10g：授权用户应能够在设备使用过程中对关键配置参数进行在线更新。

(8) CE10h：应能够鉴别数据的新鲜性，避免历史数据的重放攻击。

(9) CE10i：应能够鉴别历史数据的非法修改，避免数据的修改重放攻击。

(10) CE10j：应对来自传感网的数据进行数据融合处理，使不同种类的数据可以在同一个平台被使用。

(11) CE10k：应对不同数据之间的依赖关系和制约关系等(如一类数据达到某个门限时会影响对另一类数据采集终端的管理指令)进行智能处理。

为了便于不同评估员对一些共性问题的交叉验证，获取对共性问题的不同观察意见，以便更客观地找准偏差事实，负责本评估任务的评估员还应该尽可能地从安全区域边界(RB)、安全建设管理(SC)以及涉及移动互联等其他相关评估领域或子领域中，根据评估员的实际经验和对受评方的风险认识，补充选用其他评估项基本要求，应特别关注选用其中的高风险项，一并纳入本评估任务的评估作业指导书中。

3.5.5　经营管理系统本体安全及其运维管理评估作业指导书要点

经营管理系统涉及企业资源和经营管理，一般部署在受评方网络的管理信息大区的信息内网区，往往与管理信息大区中的信息外网区采取逻辑隔离等技术隔离措施。这类系统一般包括了受评方经营管理、日常办公、内部协作等常用信息系统，其网络安全问题不仅影响受评方的日常办公、协同协作和经营管理效率和质量，也可能会导致大量敏感信息的泄露，对受评方的社会声誉造成直接影响。对经营管理系统的同行评估应侧重其本体安全以及运维管理质量，辅助建设管理、监测防护、体系管理和全员网络安全意识和基本技能等评估维度。经营管理系统同行评估业绩目标的选择、具体评估对象的确定以及评估项的选定方法，参照3.4节同行评估任务作业指导书的编制原则和思路进行，其要点如下。

1. 经营管理系统本体安全及其运维管理业绩目标

经营管理系统本体安全及其运维管理业绩目标如下：

(1) 制定和执行身份鉴别、访问控制、安全审计和可信验证、入侵和恶意代码防范、数据完整性和保密性、数据备份恢复、剩余信息和个人信息保护等方面的安全要求，从设计源头保证计算环境的数据、信息和系统安全(CE)。

(2) 按照常态化要求，建立、应用和不断完善安全运维工作体系，将IT环境、资产和配置、设备维护和介质、网络和系统安全、漏洞和恶意代码防范、密码、变更、备份和恢复、外包运维等安全管理和技术要求纳入日常IT运维工作，保证常态化运维工作的有效性(SO)。

2. 经营管理系统本体安全及其运维管理具体评估对象

经营管理系统本体安全及其运维管理具体评估对象如下：

(1) 服务器：主机房和辅机房(包括其设备工作环境、设备和设施等)；主要服务器(包括其操作系统和数据库)。

(2) 数据库：如Oracle、MySQL、DB2等。

(3) 数据：介质的存放环境；业务备份系统。

(4) 应用系统及软件：应用系统，包括软件源代码。

(5) 网络设备：主要网络互联设备，包括核心和汇聚层交换机；边界网络设备(可能会包含安全设备)，包括路由器、防火墙、认证网关和边界接入设备(如楼层交换机)等。

(6) 终端设备：管理终端、主要业务应用系统终端。

(7) 安全设备：包括防火墙、入侵检测设备和防病毒网关等。

(8) 责任主体：系统管理员、数据库管理员、应用管理员、网络管理员、审计管理员、关键用户、信息安全主管人员、业务负责人、软件供应商或开发商。

(9) 文件记录：涉及以上评估对象的主要管理制度和工作记录，包括系统架构图、网络拓扑图、系统用户清单、用户授权清单以及软件源代码安全性测试报告等。

3. 经营管理系统本体安全及其运维管理评估项选用

基于经营管理系统的架构图、网络拓扑图等文件，按照上述具体评估对象前7个类别，分析列出经营管理系统的组件清单，结合相关等级测评报告结果(如果有)，分析其中可能存在网络安全风险隐患的关键组件，参照表3-1，针对每一类关键组件选用对应的评估项基本要求。应特别关注选用其中的高风险项。

此外，需要重点关注经营管理系统安全运维管理的质量，主要包括经营管理系统本身的环境管理(SO1)、资产和配置管理(SO2)、设备维护和介质管理(SO3)、网络和系统安全管理(SO4)、漏洞和恶意代码防范(SO5)、密码管理(SO6)、变更管理(SO7)、备份与恢复管理(SO8)和外包运维管理(SO9)等。应特别关注选用其中的高风险项。

为了便于不同评估员对一些共性问题的交叉验证，获取对共性问题的不同观察意见，以便更客观地找准偏差事实，负责本评估任务的评估员还应该尽可能地从安全区域边界(RB)、安全建设管理(SC)、安全教育和培训(SM6)和网络安全文化(SL5)以及涉及云计算平台和大数据平台等其他相关评估领域或子领域中，根据评估员的实际经验和对受评方的风险认识，补充选用其他评估项基本要求，应特别关注选用其中的高风险项，一并纳入本评估任务的评估作业指导书中。

3.5.6　移动应用系统本体安全及其运维管理评估作业指导书要点

移动应用系统是受评方支撑移动办公和移动业务的应用系统，一般部署在受评方网络的管理信息大区的信息内网区或信息外网区，采取移动应用技术框架，其最大的特点是可以通过手机、平板计算机等通用或专用移动终端设备，通过无线互联网登入和使用。这类系统在互联网的暴露面较大，普通用户较多，可能遭受的网络攻击薄弱点较多，因此面临的网络安全风险也较大，往往成为网络攻击的重要突破口。这类系统一般包括了受评方移动OA审批、邮件系统、即时通信内外协作、远程访问内网信息、业务流程审批、远程维修作业等信息查询、文件处理或作业系统，其网络安全问题不仅影响受评方的移动办公和移动业务的效率、成本和业务响应速度，也可能会导致大量敏感信息的泄露或移动业务的中断，对受评方的办公和业务效率以及社会声誉造成直接影响。对移动应用系统的同行评估应侧重其本体安全以及运维管理质量，辅助监测防护、体系管理和全员网络安全意识和基本技能等评估维度。移动应用系统同行评估业绩目标的选择、具体评估对象的确定以及评估项的选定方法参照3.4节同行评估任务作业指导书的编制原则和思路进行，其要点如下。

1. 移动应用系统本体安全及其运维管理业绩目标

移动应用系统本体安全及其运维管理业绩目标如下：

(1) 制定和执行身份鉴别、访问控制、安全审计和可信验证、入侵和恶意代码防范、数据完整性和保密性、数据备份恢复、剩余信息和个人信息保护等方面的安全要求，从设计源头保证计算环境的数据、信息和系统安全(CE)。

(2) 明确移动终端和应用管控安全策略、管理流程和记录表单，通过移动终端管理系统、证书签名和白名单等方式对移动终端和应用实施安全管控，有效防范针对移动终端和应用的社会工程学攻击(CE9)。

（3）制定和执行移动应用软件采购和开发安全技术要求，加强开发者或外包商的资格审查和安全监督，保证分发渠道或证书签名的安全可靠，有效控制移动应用成为攻击入口产生的安全风险（SC6）。

（4）制定和执行移动互联边界防护和入侵防范安全扩展要求、管理流程和记录表单，通过无线接入网关、终端准入控制、移动终端管理、抗 APT/DDoS 攻击、网络回溯和威胁情报检测等措施，增强移动互联边界防护和入侵防范能力（RB6）。

2. 移动应用系统本体安全及其运维管理具体评估对象

移动应用系统本体安全及其运维管理具体评估对象如下：

（1）服务器：主机房和辅机房（包括其设备工作环境、设备和设施、无线接入设备工作环境等）；主要服务器（包括其操作系统和数据库）。

（2）数据库：如 Oracle、MySQL、DB2 等。

（3）数据：介质的存放环境；业务备份系统。

（4）应用系统及软件：移动应用系统，包括软件源代码。

（5）网络设备：主要网络互联设备，包括核心和汇聚层交换机；边界网络设备（可能会包含安全设备），包括路由器、防火墙、认证网关和边界接入设备（如楼层交换机）等；无线接入网关等。

（6）终端设备：移动终端、移动终端管理系统；无线接入设备。

（7）安全设备：包括防火墙、入侵检测设备和防病毒网关等。

（8）责任主体：系统管理员、数据库管理员、应用管理员、网络管理员、审计管理员、关键用户、信息安全主管人员、业务负责人、软件供应商或开发商。

（9）文件记录：涉及以上评估对象的主要管理制度和工作记录，包括系统架构图、网络拓扑图、系统用户清单、用户授权清单以及软件源代码安全性测试报告等。

3. 移动应用系统本体安全及其运维管理评估项选用

基于移动应用系统的架构图、网络拓扑图等文件，按照上述具体评估对象前 7 个类别，分析列出移动应用系统的组件清单，结合相关等级测评报告结果（如果有），分析其中可能存在网络安全风险隐患的关键组件，参照表 3-1，针对每一类关键组件选用对应的评估项基本要求。应特别关注选用其中的高风险项。

此外，需要根据移动应用系统的特点，选取移动应用系统安全扩展要求适用的有关评估项。主要包括以下评估项：

(1) CE9a：应保证移动终端安装、注册并运行终端管理客户端软件。

(2) CE9b：移动终端应接受移动终端管理服务端的设备生命周期管理、设备远程控制，如远程锁定、远程擦除等。

(3) CE9c：应保证移动终端只用于处理指定业务。

(4) CE9d：应具有选择应用软件安装、运行的功能。

(5) CE9e：应只允许系统管理者指定证书签名的应用软件安装和运行。

(6) CE9f：应具有软件白名单功能，应能根据白名单控制应用软件安装、运行。

(7) CE9g：应具有接受移动终端管理服务端推送的移动应用软件管理策略并根据该策略对软件实施管控的能力。

(8) SC6a：应保证移动终端安装、运行的应用软件来自可靠分发渠道或使用可靠证书签名。

(9) SC6b：应保证移动终端安装、运行的应用软性由指定的开发者开发。

(10) SC6c：应对移动业务应用软件开发者进行资格审查。

(11) SC6d：应保证开发移动业务应用软件的签名证书的合法性。

(12) RB6a：应保证有线网络与无线网络边界之间的访问和数据流通过无线接入网关设备。

(13) RB6b：应能够检测到非授权无线接入设备和非授权移动终端的接入行为。

(14) RB6c：应能够检测到针对无线接入设备的网络扫描、DDoS攻击、密钥破解、中间人攻击和欺骗攻击等行为。

(15) RB6d：应能够检测到无线接入设备的SSID广播、WPS等高风险功能的开启状态。

(16) RB6e：应禁用无线接入设备和无线接入网关存在风险的功能，如SSID广播、WEP认证等。

(17) RB6f：应禁止多个接入点使用同一个鉴别密钥。

(18) RB6g：应能够定位和阻断非授权无线接入设备或非授权移动终端等。

应特别关注选用其中的高风险项。

为了便于不同评估员对一些共性问题的交叉验证，获取对共性问题的不同观察意见，以便更客观地找准偏差事实，负责本评估任务的评估员还应该尽可能地从安全运维管理(SO)、安全监测防护(MP)、体系管理以及全员网络安全意识和基本技能等其他相关评估领域或子领域中，根据评估员的实际经验和对受评方的风险认识，补充选用其他评估项基本要求，应特别关注选用其中的高风险项，一并纳入本评估任务的评估作业指导书中。

3.5.7 互联网应用系统本体安全及其运维管理评估作业指导书要点

互联网应用系统是受评方支撑互联网业务的应用系统，一般部署在受评方网络的管理信息大区的信息外网 DMZ(非军事区)，或直接租用云服务商的云计算资源，其最大的特点是可以通过全球互联网登入和使用。这类系统在互联网的暴露面最大，用户较多，也可能不确定，面临的网络安全风险最大，往往成为网络攻击的首要目标和跳板、入口。这类系统一般包括受评方外部门户网站、外部邮件系统、电子商务系统、电子招聘系统、互联网视频系统、互联网电子文件交换系统等常用信息系统。其网络安全问题不仅影响受评方的互联网业务的效率、对外沟通和业务响应速度，也可能会导致互联网业务的中断，对受评方的互联网业务效率以及社会声誉造成直接影响。对互联网应用系统的同行评估应侧重其本体安全以及运维管理质量，辅助建设管理(云服务供应商选择)和监测防护(实战演练)等评估维度。互联网应用系统同行评估业绩目标的选择、具体评估对象的确定以及评估项的选定方法参照 3.4 节同行评估任务作业指导书的编制原则和思路进行，其要点如下。

1. 互联网应用系统本体安全及其运维管理业绩目标

互联网应用系统本体安全及其运维管理业绩目标如下：

(1) 制定和执行身份鉴别、访问控制、安全审计和可信验证、入侵和恶意代码防范、数据完整性和保密性、数据备份恢复、剩余信息和个人信息保护等方面的安全要求，从设计源头保证计算环境的数据、信息和系统安全(CE)。

(2) 通过邀请权威可信的网络安全专业机构，组织并管控专业攻击队伍开展全面或专项的实网实战攻击，全面深度发现网络安全弱项、隐患、风险和管理缺陷，为网络安全整改和能力提升提供有针对性的输入(MP8)。

(3) 制定和执行服务供应商选择和使用的安全要求、控制流程和记录表单，通过服务协议、保密协议、定期审核、服务水平评价等措施，有效控制安全服务、云服务、云计算供应服务等相关安全风险，提升供应链攻击防范能力(SC5)。

2. 互联网应用系统本体安全及其运维管理具体评估对象

互联网应用系统本体安全及其运维管理具体评估对象如下：

（1）服务器：主机房和辅机房（包括其设备工作环境、设备和设施等）；主要服务器（包括其操作系统和数据库）；云操作系统、云业务管理平台、虚拟机监视器等。

（2）数据库：如 Oracle、MySQL、DB2 等。

（3）数据：介质的存放环境；业务备份系统。

（4）应用系统及软件：互联网应用系统、源代码；云应用开发平台等。

（5）网络设备：主要网络互联设备，包括核心和汇聚层交换机；边界网络设备（可能会包含安全设备），包括路由器、防火墙、认证网关和边界接入设备（如楼层交换机）等；云租户网络控制器。

（6）终端设备：管理终端和主要业务应用系统终端。

（7）安全设备：包括防火墙、入侵检测设备和防病毒网关等。

（8）责任主体：系统管理员、数据库管理员、应用管理员、网络管理员、审计管理员、关键用户、信息安全主管人员、业务负责人、软件供应商或开发商。

（9）文件记录：涉及以上评估对象的主要管理制度和工作记录，包括系统架构图、网络拓扑图、系统用户清单、用户授权清单以及软件源代码安全性测试报告等。

3. 互联网应用系统本体安全及其运维管理评估项选用

基于互联网应用系统的架构图、网络拓扑图等文件，按照上述具体评估对象前 7 个类别，分析列出互联网应用系统的组件清单，结合相关等级测评报告结果（如果有），分析其中可能存在网络安全风险隐患的关键组件，参照表 3-1，针对每一类关键组件选用对应的评估项基本要求。应特别关注选用其中的高风险项。

此外，由于互联网应用系统充分暴露在互联网中，可考虑选取通过实战演练等方式，评估受评方是否能够及时、全面、定期、主动地查找互联网应用系统的风险隐患。有关评估项主要如下：

（1）MP8a：应制订年度实网实战攻防演练工作计划，包括全面的攻防演练，或专项的渗透检测，或攻防沙盘推演。

（2）MP8b：应与负责组织攻击或检测的安全专业机构签订实施合同和保密协议。

（3）MP8c：应开展专项复盘总结，列举问题清单、根本原因和整改建议。

如果涉及租用云计算服务，还要考虑选取服务供应商选择有关评估项，具体如下：

(1) SC5a：应确保服务供应商的选择符合国家的有关规定。

(2) SC5b：应与选定的服务供应商签订相关协议，明确整个服务供应链各方需履行的网络安全相关义务。

(3) SC5c：应定期监督、评审和审核服务供应商提供的服务，并对其变更服务内容加以控制。

(4) SC5d：应选择安全合规的云服务商，云服务商提供的云计算平台应为其承载的业务应用系统提供相应等级的安全保护能力。

(5) SC5e：应在服务水平协议中规定云服务的各项服务内容和具体技术指标。

(6) SC5f：应在服务水平协议中规定云服务商的权限与责任，包括管理范围、职责划分、访问授权、隐私保护、行为准则、违约责任等。

(7) SC5g：应在服务水平协议中规定服务合约到期时完整提供云服务客户数据，并承诺将相关数据在云计算平台上清除。

(8) SC5h：应与选定的云服务商签署保密协议，要求其不得泄露云服务客户数据。

(9) SC5i：应将供应链安全事件信息或安全威胁信息及时传达到云服务客户。

(10) SC5j：应保证服务供应商的重要变更及时传达到云服务客户，并评估变更带来的安全风险，采取措施对风险进行控制。

为了便于不同评估员对一些共性问题的交叉验证，获取对共性问题的不同观察意见，以便更客观地找准偏差事实，负责本评估任务的评估员，还应该尽可能地从安全运维管理(SO)、软件开发(SC3)以及全员网络安全意识和基本技能等其他相关评估领域或子领域中，根据评估员的实际经验和对受评方的风险认识，补充选用其他评估项基本要求，应特别关注选用其中的高风险项，一并纳入本评估任务的评估作业指导书中。

3.5.8 集权类系统本体安全及其运维管理评估作业指导书要点

集权类系统是受评方网络与信息系统中具备集中管控权限的一类特殊应用系统，一般部署在受评方网络的管理信息大区的信息内网区和信息外网区。这类系统一般包括受评方网络中提供集中系统管理功能、集中安全管理功能和集中审计功能的相关系统，例如域控系统、综合安全审计系统、数据库审计系统、软件分发系统、漏洞补丁更新系统、邮件系统、软件代码库等。其网络安全问题会直接威胁受评方网络和信息系统的安全，导致相应系统的权限被控，为攻击方进一步横向和纵向渗透攻击提供绝佳条件。对集权类系统的同行评估应侧重其本体安全以及运维管理质量，辅助监测防护、建设管理和IT从业人员的网络安全意识和专业技能等评估维度。集权类系统同行评估业绩目标的选择、具体评估对象的确定以及评估项的选定方法参照3.4节同行评估任务作业指导书的编制原则和思路进行，其要点如下。

1. 集权类系统本体安全及其运维管理业绩目标

集权类系统本体安全及其运维管理业绩目标如下：

(1) 制定和执行身份鉴别、访问控制、安全审计和可信验证、入侵和恶意代码防范、数据完整性和保密性、数据备份恢复、剩余信息和个人信息保护等方面的安全要求，从设计源头保证计算环境的数据、信息和系统安全(CE)。

(2) 实现网络安全状况的集中监测、安全事项的集中管理、审计数据的集中分析和各类安全事件的识别、报警和分析，并保证这些安全设备或安全组件的独立性和安全性(MP2)。

(3) 按照常态化要求，建立、应用和不断完善安全运维工作体系，将IT环境、资产和配置、设备维护和介质、网络和系统安全、漏洞和恶意代码防范、密码、变更、备份和恢复、外包运维等安全管理和技术要求纳入日常IT运维工作，保证常态化运维工作的有效性(SO)。

2. 集权类系统本体安全及其运维管理具体评估对象

集权类系统本体安全及其运维管理具体评估对象如下：

(1) 服务器：主机房和辅机房(包括其设备工作环境、设备和设施等)；主要服务器(包括其操作系统和数据库)。

(2) 数据库：如Oracle、MySQL、DB2等。

(3) 数据：介质的存放环境；业务备份系统。

(4) 应用系统与软件：提供集中系统管理功能的系统；综合安全审计系统、数据库审计系统等提供集中审计功能的系统；提供集中安全管理功能的系统；安全监测类系统；综合网管系统；云管理平台、综合审计系统或相关组件。

(5) 网络设备：主要网络互联设备，包括核心和汇聚层交换机；边界网络设备(可能会包含安全设备)，包括路由器、防火墙、认证网关和边界接入设备(如楼层交换机)等。

(6) 终端设备：管理终端、集权系统终端。

(7) 安全设备：包括防火墙、入侵检测设备和防病毒网关等。

(8) 责任主体：系统管理员、数据库管理员、应用管理员、网络管理员、审计管理员、信息安全主管人员、系统的供应商或集成商。

(9) 文件记录：涉及以上评估对象的主要管理制度和工作记录，包括系统架构图、网络拓扑图、系统用户清单、用户授权清单以及系统安全性测试报告等。

3. 集权类系统本体安全及其运维管理评估项选用

基于集权类系统的架构图、网络拓扑图等文件，按照上述具体评估对象前7个类别，分析列出集权类系统的组件清单，结合相关等级测评报告结果(如果有)，分析其中可能存在网络安全风险隐患的关键组件，参照表3-1，针对每一类关键组件选用对应的评估项基本要求。

应重点考虑这类系统安全计算环境(CE)相关评估项，特别关注选用其中的高风险项，具体如下：

(1) CE1a：应对登录的用户进行身份标识和鉴别，身份标识具有唯一性，身份鉴别信息具有复杂度要求并定期更换。

(2) CE1b：应具有登录失败处理功能，应配置并启用结束会话、限制非法登录次数和当登录连接超时自动退出等相关措施。

(3) CE1c：当进行远程管理时，应采取必要措施防止鉴别信息在网络传输过程中被窃听。

(4) CE1d：应采用口令、密码技术、生物技术等两种或两种以上组合的鉴别技术对用户进行身份鉴别，且其中一种鉴别技术至少应使用密码技术来实现。

(5) CE2b：应重命名或删除默认账户，修改默认账户的默认口令。

(6) CE2e：应由授权主体配置访问控制策略，访问控制策略规定主体对客体的访问规则。

(7) CE3a：应启用安全审计功能，审计覆盖到每个用户，对重要的用户行为和重要的安全事件进行审计。

(8) CE3c：应对审计记录进行保护，定期备份，避免受到未预期的删除、修改或覆盖等。

(9) CE4b：应关闭不需要的系统服务、默认共享和高危端口。

(10) CE4c：应通过设定终端接入方式或网络地址范围对通过网络进行管理的管理终端进行限制。

(11) CE4d：应提供数据有效性检验功能，保证通过人机接口输入或通过通信接口输入的内容符合系统设定要求。

(12) CE4e：应能发现可能存在的已知漏洞，并在经过充分测试评估后及时修补漏洞。

需要重点补充评估集权类系统的集中管控(MP2)子领域的有关评估项要求，主要如下：

(1) MP2a：应划分出特定的管理区域，对分布在网络中的安全设备或安全组件进行管控。

(2) MP2b：应能够建立一条安全的信息传输路径，对网络中的安全设备或安全组件进行管理。

(3) MP2c：应对网络链路、安全设备、网络设备和服务器等的运行状况进行集中监测。

(4) MP2d：应对分散在各个设备上的审计数据进行收集汇总和集中分析，并保证审计记录的留存时间符合法律法规要求。

(5) MP2e：应对安全策略、恶意代码、补丁升级等安全相关事项进行集中管理。

(6) MP2f：应能对网络中发生的各类安全事件进行识别、报警和分析。

此外，还应关注这类系统的安全运维管理的质量，主要包括集权类系统本身的环境管理(SO1)、资产和配置管理(SO2)、设备维护和介质管理(SO3)、网络和系统安全管理(SO4)、漏洞和恶意代码防范(SO5)、密码管理(SO6)、变更管理(SO7)、备份与恢复管理(SO8)和外包运维管理(SO9)等。应特别关注选用其中的高风险项。

为了便于不同评估员对一些共性问题的交叉验证，获取对共性问题的不同观察意见，以便更客观地找准偏差事实，负责本评估任务的评估员，还应该尽可能地从安全建设管理(SC)以及涉及产品和服务供应链管理等的其他相关评估领域或子领域中，根据评估员的实际经验和对受评方的风险认识，补充选用其他评估项基本要求，应特别关注选用其中的高风险项，一并纳入本评估任务的评估作业指导书中。

3.5.9 网络基础设施物理环境安全评估作业指导书要点

1. 网络基础设施物理环境安全业绩目标

制定和执行物理位置选择、物理访问控制、防盗窃防破坏、机房物理防护和电力供应等方面的安全要求和技术规范，从设计源头保证网络基础设施物理环境的安全可靠，有效防范社会工程学攻击。

2. 网络基础设施物理环境具体评估对象

网络基础设施物理环境具体评估对象如下：

(1) 安全巡视、设备巡检、机房出入等记录类文档。

(2) 机房和平台建设方案。

(3) 机房验收类文档。

(4) 感知节点设备所处物理环境和设计或验收文档。

(5) 无线接入设备、室外控制设备。

(6) 办公场地、机房、机房线缆。

(7) 机房设备或主要部件或区域。

(8) 机房电子门禁系统、防盗报警系统或视频监控系统。

(9) 机房防火设施、漏水检测设施、温湿度调节设施。

(10) 关键感知节点设备的供电设备(关键网关节点设备的供电设备)和设计或验收文档。

(11) 机房供电设施、机房应急供电设施。

(12) 机房设施专业负责人、通信/物联网专业负责人、工控系统专业负责人、机房管理员等。

3. 网络基础设施物理环境评估准则要点和评估项选用

由承担此任务的领域评估员从物理位置选择(PE1)、物理访问控制(PE2)、机房物理防护(PE3)、电力供应(PE4)4 个子领域、33 个评估项中，参照受评方所在行业要求，结合受评方网络安全现状和评估员预判的安全风险进行选择。

除了进行以上领域的专项评估外，本领域评估员还要主动与负责核心业务系统或应用系统(如3.5.3节至3.5.8节介绍的各个系统)以及安全运维管理(3.5.10节)的其他领域评估员保持沟通和协同,就相关问题和关注的风险点进行相互交叉评估验证。

3.5.10　网络安全运维管理能力评估作业指导书要点

1.网络安全运维管理能力业绩目标

按照常态化要求,建立、应用和不断完善安全运维工作体系,将IT环境、资产和配置、设备维护和介质、网络和系统安全、漏洞和恶意代码防范、密码、变更、备份和恢复、外包运维等安全管理和技术要求纳入日常IT运维工作,保证常态化运维工作的有效性。

2.安全运维管理能力具体评估对象

安全运维管理能力具体评估对象如下:

(1) 管理制度类文档。

(2) 操作规程类文档。

(3) 记录表单类文档。

(4) 运维设备、运维地点、运维记录和相关管理文档。

(5) 感知节点设备、网关节点设备部署环境的管理制度。

(6) 数字资产安全管理策略。

(7) 数据分类分级保护策略。

(8) 资产管理员、系统管理员、设备管理员、安全管理员、审计管理员。

(9) 各专业负责人,如机房设施专业负责人、系统/云计算专业负责人、物理安全负责人、通信/物联网专业负责人、信息安全与保密专业负责人、通信/物联网专业负责人、数据/大数据专业负责人和运维负责人等。

3.安全运维管理能力评估准则要点和评估项选用

由承担此任务的领域评估员从环境管理(SO1)、资产和配置管理(SO2)、设备维护和介质管理(SO3)、网络和系统安全管理(SO4)、漏洞和恶意代码防范(SO5)、密码管理(SO6)、变更管理(SO7)、备份与恢复管理(SO8)、外包运维管理(SO9)、物联网节点设备管理(SO10)和大数据安全运维管理(SO11)11个子领域、51个评估项中,参照受评方所在行业要求，结合受评方网络安全现状和评估员预判的安全风险进行选择。

除了进行以上领域的专项评估外，本领域评估员还要主动与负责核心业务系统或应用系统（如 3.5.3 节至 3.5.8 节介绍的各个系统）以及基础设施物理环境（3.5.9 节）的其他领域评估员保持沟通和协同，就相关问题和关注的风险点进行相互交叉评估验证。

3.5.11 网络安全监测防护能力评估作业指导书要点

1. 网络安全监测防护能力业绩目标

按照实战化要求，建立、应用和不断完善安全管理中心，面向实战的网络安全监测、情报、预警、通报、处置、经验反馈和持续整改提升的标准规范、防护能力和工作机制。

2. 网络安全监测防护能力具体评估对象

网络安全监测防护能力具体评估对象如下：

（1）提供集中系统管理功能的系统。

（2）综合安全审计系统、数据库审计系统等提供集中审计功能的系统。

（3）提供集中安全管理功能的系统。

（4）安全监测类系统的架构图和网络拓扑图。

（5）综合网管系统等提供运行状态监测功能的系统。

（6）云管理平台、综合审计系统或相关组件。

（7）路由器、交换机和防火墙等设备或相关组件。

（8）应急预案培训记录、演练记录。

（9）网络安全情报工作程序、情报员联系表。

（10）值班排班表、值班交接记录。

（11）网络安全事件处置工作程序。

（12）电子化跟踪系统、最新事件表。

（13）年度攻防演练计划。

（14）安全专业机构实施合同和保密协议。

（15）网络安全监测和研判日报、周报。

(16) 网络安全态势研判月例会会议纪要。

(17) 安全监测专业负责人、系统/云计算专业负责人、信息安全与保密负责人、运维负责人等。

3. 安全监测防护能力评估准则要点和评估项选用

由承担此任务的领域评估员从安全管理中心(MP1)、集中管控(MP2)、云计算集中管控(MP3)、安全事件处置(MP4)、应急预案管理(MP5)、情报收集与利用(MP6)、值班值守(MP7)、实战演练(MP8)和研判整改(MP9)9个子领域、38个评估项中,参照受评方所在行业要求,结合受评方网络安全现状和评估员预判的安全风险进行选择。

除了进行以上领域的专项评估外,本领域评估员还要主动与负责核心业务系统或应用系统(如3.5.3节至3.5.8节介绍的各个系统)的其他领域评估员保持沟通和协同,就相关问题和关注的风险点进行相互交叉评估验证。

3.5.12　网络安全管理体系及其执行有效性评估作业指导书要点

1. 网络安全管理体系业绩目标

按照体系化要求,建立健全网络安全策略和管理制度,明确组织机构、岗位设置和人员配备,明确网络安全授权和审批程序,加强内外部的沟通与协作,开展安全检查和审计监督,严格内外部人员录用、在岗和离岗管理以及外部人员访问管理,开展网络安全教育和培训,从网络安全管理体系及其执行有效性等方面提供安全管理保障。

2. 网络安全管理体系具体评估对象

网络安全管理体系具体评估对象如下:

(1) 网络安全总体方针策略类文档。

(2) 网络安全管理制度类文档。

(3) 网络安全操作规程类文档。

(4) 网络安全记录表单类文档。

(5) 网络安全问题或风险分析报告、年度计划和会议记录。

(6) 网信管理负责人、信息/网络安全主管、信息安全与保密专业负责人、人事负责人等。

3. 网络安全管理体系评估准则要点和评估项选用

由承担此任务的领域评估员从安全策略和管理制度(SM1)、岗位设置和人员配备(SM2)、授权审批和沟通合作(SM3)、安全检查和审计监督(SM4)、人员录用和离岗(SM5)、安全教育和培训(SM6)和外部人员访问管理(SM7)7 个子领域、46 个评估项中,参照受评方所在行业要求,结合受评方网络安全现状和评估员预判的安全风险,进行选择。

除了进行以上领域的专项评估外,本领域评估员还要主动与负责核心业务系统或应用系统(如 3.5.3 节至 3.5.8 节介绍的各个系统)的其他领域评估员保持沟通和协同,就相关问题和关注的风险点进行相互交叉评估验证。

3.5.13 全员网络安全意识和基本技能评估作业指导书要点

1. 全员网络安全意识和基本技能业绩目标

明确各类人员网络安全意识教育和岗位技能培训大纲与执行计划,按计划组织开展培训、考核和授权上岗,促进各类人员理解、掌握和执行公司网络安全方针、制度、技术标准和工作程序。

2. 全员网络安全意识和基本技能具体评估对象

全员网络安全意识和基本技能具体评估对象如下:

(1) 内部员工、外部驻场人员、供应商、IT 从业人员等不同类别人员的网络安全基本要求文件。

(2) 网络安全意识教育及岗位技能培训文档。

(3) 不同类别和岗位的网络安全培训计划。

(4) 网络安全教育和培训记录。

(5) 网络安全技能考核记录。

3. 全员网络安全意识和基本技能评估准则要点和评估项选用

由负责的领域评估员参照行业要求和网络安全业绩目标与准则等,具体选定评估准则要点。本部分重点包括:网络安全教育、培训、考核,防社工,上网习惯,等等。主要评估项如下：

（1）SM6a：应对各类人员进行安全意识教育和岗位技能培训，并告知相关的安全责任和惩戒措施。

（2）SM6b：应针对不同岗位制订不同的培训计划，对安全基础知识、岗位操作规程等进行培训。

（3）SM6c：应定期对不同岗位的人员进行技术技能考核。

此外，可选取相关评估项进行补充验证，例如：

（1）SL1b：经常审视外部网络安全形势和威胁，评估自身网络安全风险、隐患和威胁。

（2）SL2c：建立网络安全绩效考核办法并有效执行。

（3）SL5a：促进网络安全工作中的"严、慎、细、实"作风。

（4）SL5b：大力推行"网络安全人人有责，网络安全人人尽责"的全员安全防控理念。

（5）SL6d：明确并支持网络安全人才的专业培养和能力提升。

（6）CE1a：应对登录的用户进行身份标识和鉴别，身份标识具有唯一性，身份鉴别信息具有复杂度要求并定期更换。

（7）SO4c：应建立网络和系统安全管理制度，对安全策略、账户管理、配置管理、日志管理、日常操作、升级与打补丁、口令更新周期等方面做出规定。

（8）SO4h：应严格控制运维工具的使用，经过审批后才可接入进行操作，操作过程中应保留不可更改的审计日志，操作结束后应删除工具中的敏感数据。

（9）SO4i：应严格控制远程运维的开通，经过审批后才可开通远程运维接口或通道，操作过程中应保留不可更改的审计日志，操作结束后立即关闭接口或通道。

（10）SO9d：应在与外包运维服务商签订的协议中明确所有相关的安全要求，如可能涉及对敏感信息的访问、处理、存储要求，对IT基础设施中断服务的应急保障要求等。

（11）SM5c：应与被录用人员签署保密协议，与关键岗位人员签署岗位责任协议。

（12）SM7d：获得系统访问授权的外部人员应签署保密协议，不得进行非授权操作，不得复制和泄露任何敏感信息。

除了进行以上领域的专项评估外，本领域评估员还要主动与负责核心业务系统或应用系统（如3.5.3节至3.5.8节介绍的各个系统）的其他领域评估员保持沟通和协同，就相关问题和关注的风险点进行相互交叉评估验证。

3.5.14 网络安全整体领导力和推进力评估作业指导书要点

1. 网络安全整体领导力和推进力业绩目标

构建高绩效的网络安全整体领导力，就企业网络安全观和安全承诺达成共识，明确网络安全组织与责任，建立网络安全综合防御体系，将网络安全纳入生产安全管理体系，加强网络安全专项规划与能力建设，保障网络安全目标的实现。

2. 网络安全整体领导力和推进力具体评估对象

网络安全整体领导力和推进力具体评估对象如下：

(1) 决策层关于网络安全工作会议机制和相关工作纪要等。

(2) 决策层组织或参加的网络安全形势教育或宣传贯彻会纪要等。

(3) 网络安全目标、方针和政策书面文件。

(4) 决策层签发的网络安全责任制和考核办法文件。

(5) 决策层对建立完善和有效执行网络安全防御体系的有关指示的书面纪要。

(6) 将网络安全纳入受评方生产安全管理体系的有关要求和具体措施。

(7) 决策层对开展全员网络安全文化建设的有关要求和推进措施。

(8) 决策层对网络安全专项规划和能力建设方面的要求和具体举措。

3. 网络安全整体领导力和推进力评估准则要点和评估项选用

由负责的领域评估员参照行业要求和网络安全业绩目标与准则等具体选定评估准则要点。本部分重点包括网络安全观和承诺(SL1)、网络安全组织与责任(SL2)、网络安全防御体系(SL3)、网络安全支持和促进(SL4)、网络安全文化(SL5)、网络安全规划与能力建设(SL6)等方面。由负责的评估员参照行业要求和网络安全评估准则使用指引等选定评估准则的具体评估对象和评估内容。主要参考 SL1a～SL6c，共 19 个评估项，具体见 2.1.1 节至 2.1.6 节内容。

在文档查阅和相关部门负责人访谈基础上，评估方还可以通过组织专题创新工坊等形式，邀请受评方决策层和管理层共同就如何提升网络安全整体领导力和推进力进行开放式创新研讨，这样，受评方决策层和管理层能够对评估中发现的待改进项及其整改建议更好地达成共识，也非常有利于后续整改提升工作的有效开展。

3.6　同行评估任务的总体统筹

评估队（队长）在安排各领域评估员的评估任务时，应该在评估方案制订、评估任务确定、评估任务作业指导书编制以及现场评估实施的全过程动态地做好所有评估任务的总体统筹，促进评估员在评估过程中抓准高风险点和薄弱环节，充分沟通和相互协作，确保在有限的现场评估时间内紧紧围绕同行评估工作的基本目标，为受评方提供专业、精准、实用和有效的同行评估服务。评估队队长应主要从“始终注重整体安全防护能力”和“遵循实战化驱动的同行评估思路”两大方面做好总体统筹和协调安排。

3.6.1　始终注重整体安全防护能力

网络安全防护的任务主要有两方面：一方面需要保证不因设备故障或人员误操作等原因影响网络与信息系统可靠、稳定和连续运行；另一方面需要保证不因外部攻击或内部人因等原因影响网络与信息系统正常运行，避免引发数据安全甚至舆情事件等。因此，网络安全同行评估的核心是验证受评方各类评估对象是否具有相互适应和相互支撑的整体安全保护能力。在开展同行评估时，既要评估不同类别评估对象对应的不同评估项的安全保护能力，评估其安全要求相对于评估项基本要求的偏差事实，从子领域业绩目标实现角度审视存在的业绩偏差及可采取的改进措施，更要从领域业绩目标实现以及受评方整体安全防护能力高度审视和总结各领域的待改进项、根本原因及其管理改进措施。因此，在始终注重整体安全防护能力方面，应考虑以下 6 方面的总体性要求。

1. 防御体系有效性评估

除了看由评估项到子领域层面的各种安全措施偏差以外，在整体上还应审视保证各安全领域的安全措施组合从外到内是否构成了一个纵深的安全防御体系，能否构建起受评方整体的安全保护能力。应以网络安全结构评估任务为基础，全面审视通信网络、网络边界、局域网络内部、各种业务应用计算环境等各领域的各种安全措施是否形成了有效的纵深防御体系，其中可能被攻击者利用的漏洞、短板弱项等有哪些，对应的管理缺陷有哪些，从而找准各领域的待改进项、根本原因及其管理改进措施。

2. 安全措施互补性评估

在选用不同子领域的相关评估项对具体评估对象进行评估时，应审视各个评估项安全措施之间的互补性，关注各个评估项在子领域内、领域内和领域间安全功能上产生的连接、交互、依赖、协调、协同等相互关联关系，保证各个安全措施共同综合作用于具体评估对象上，审视还有哪些短板弱项和风险隐患，并因此可能影响或削弱受评方整体安全保护能力。评估队应通过队会、挑战会等工作形式做好安全措施互补性的同行评估，避免提出一些不合理或不必要的待改进项建议。

3. 安全强度一致性评估

审视安全功能要求，如身份鉴别、访问控制、安全审计、入侵防范等内容，是否分解到具有同等安全风险的系统对象上，在实施各个系统安全功能时，是否保证具有同等安全风险的各个系统的安全功能实现强度是一致的。应防止具有同等安全风险一类系统中的某个系统安全功能的减弱，而导致整体安全保护能力在这个安全功能上削弱。例如，对于移动应用类系统，认为这类系统中的各个系统均具有同等安全风险，对这类系统实施双因素身份鉴别时，应在各个移动应用系统的身份鉴别上均实施双因素身份鉴别。在现场同行评估开展过程中，评估队应特别关注此类由于安全强度不一致而导致的网络安全短板弱项，并考虑将其纳入对应领域的待改进项。

4. 支撑平台统一性评估

针对安全风险较高、潜在后果较严重的评估对象（如等级保护定级为 3 级或 4 级的系统），一般建议使用密码技术、可信计算技术等，多数安全功能（如身份鉴别、访问控制、数据完整性、数据保密性等）为了获得更高的强度，均应基于密码技术或可信计算技术。为了保证受评方的整体安全防护能力，应建立基于密码技术的统一支撑平台，如统一身份认证、统一账号管理、统一授权管理和统一审计管理的统一安全管理平台（简称 4A 系统），统一支持高强度身份鉴别、访问控制、数据完整性、数据保密性等安全功能的实现。此外，可在集权类系统的评估任务安排中关注和安排对统一支撑平台本身安全风险及隐患的评估，重点识别其可能被攻击和利用的短板弱项。

5. 安全管理集中度评估

针对安全风险较高、潜在后果较严重的评估对象，一般建议实施集中的安全管理、安全监控和安全审计等要求。为了保证分散于各个系统的安全功能在统一策略的指导下实现，使各个安全控制措施在可控情况下发挥各自的作用，应建立集中的安全管理中心，集中管理受评方各个安全管理系统中的各个安全控制组件支持统一安全管理。图 3-4 是沈昌祥院士提出的三重防御多级互联技术框架，该框架是在可信保障安全管理中心支持下由现场控制计算环境(对应于工控系统)、生产监控计算环境(对应于生产管理系统)和企业管理计算环境(对应于经营管理系统)构成三重防御，可在评估时参考。此外，评估队应以集权类系统评估任务为基础，参照子领域 MP1～MP3 各评估项的基本要求，安排对集中的安全管理中心本身的安全风险及隐患的评估，识别其可能被攻击利用的短板弱项。

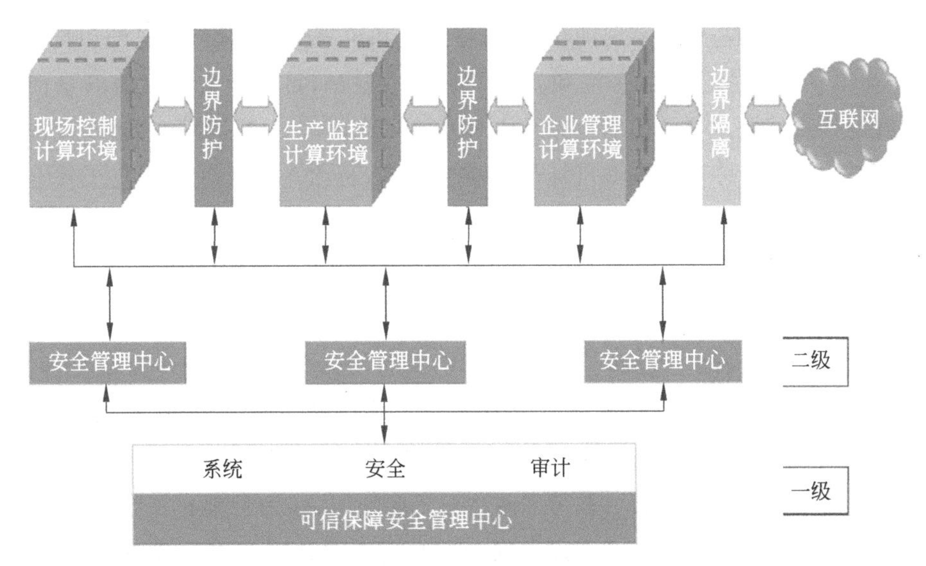

图 3-4　可信安全管理中心支持的主动免疫三重防御多级互联技术框架

6. 密码应用安全性评估

密码应用安全性评估是指针对采用商用密码技术、产品和服务集成建设的网络和信息系统,对其密码应用的合规性、正确性和有效性进行评估,简称密评。密评主要涉及密码算法、产品、协议、技术体系和密钥管理等多个方面。首先可以查看受评方是否委托了有资质的专业机构和人员,运用专业的测评工具和技术手段进行了专项测试和综合评估;其次可以采用风险分析的方法,针对有关评估结果中的偏差事实,判断网络和信息系统密码应用在合规性、正确性和有效性方面的事实偏差所产生的安全问题,分析这些安全问题被威胁利用的可能性、被威胁利用后对网络和信息系统可能造成的影响的程度以及受到威胁利用的资产自身价值,综合评价这些事实偏差对网络和信息系统造成的安全风险。高风险的判定依据可参考相关标准或文件确定。对未满足密码应用的合规性、正确性和有效性,或未使用经国家密码管理部门核准的密码技术且存在明显安全风险等隐患,应结合具体业务场景提出待改进项建议。

3.6.2 遵循实战化驱动的同行评估思路

一般来说,网络与信息系统的功能性、稳定性和可靠性在其设计、建设和验收等环节往往会得到受评方足够的重视和较好的管控。但是,目前通常面临的场景或现象是,网络与信息系统本身的脆弱性以及应对外部网络攻击的健壮性往往被忽视或没有受到重视。另外,对于网络安全目标的理解和认识,许多单位往往仅满足于符合国家法律法规或行业主管部门行政要求,最典型的表现就是“等级测评合格即可”“主管部门检查通过即可”。目前,外部网络安全环境和局势越来越严峻,网络与信息系统自身越来越复杂,各单位对其依赖程度越来越高,过去更多地强调合规的网络安全管理目标已经不适应国家安全、社会安全和企业安全发展的需要。网络安全合规是基线,而针对各类攻击能够“守住和打赢”才是网络安全工作的新目标。从止于合规到经受住实战考验,从实战演习到常态化实战防护稳定可靠,甚至能够主动溯源和有效反制,已经变得十分重要和必要。因此,在考虑网络安全问题时,作为管理和领导者,必须把自身放到国家安全、社会安全和企业发展安全的高度去再认识和再适应,不仅要保障网络与信息系统的功能性、稳定性和可靠性,而且要保障网络、系统、数据和信息的安全性,在实战化的大环境中始终能够“持续守住和打赢”。

站在受评方管理和领导者的角度,可以运用传统生产安全管理思考框架来认识和把握网络安全问题。人的不安全行为、物的不安全状态、环境的不安全因素和管理缺陷是安全管理四要素。安全的根本问题是人的问题,人的问题归根结底是管理问题，或者说管理缺陷。这与同行评估倡导的“着力发现待改进项”“聚焦管理、追求卓越、持续改进”的根本追求是一致的。这个传统安全管理领域的四要素模型为安全管理工作，尤其是为安全管理层和领导层的决策，提供了简明有效的分析和解决安全问题的思考框架。对于网络安全这类典型的非传统安全领域也非常适用。

图3-1给出的网络安全同行评估任务统筹安排框架遵循的就是系统脆弱性和安全威胁识别与分析的风险评估思路。按照此思路，基于近几年来国内外网络安全实战演练等经验反馈，图3-5给出了网络安全同行评估任务总体统筹和安排思考框架，其基本要点就是：以安全管理四要素为指引，以实网实战为驱动，基于网络安全等级保护基本要求和关键信息基础设施保护有关要求，有效落实“三化六防”措施。

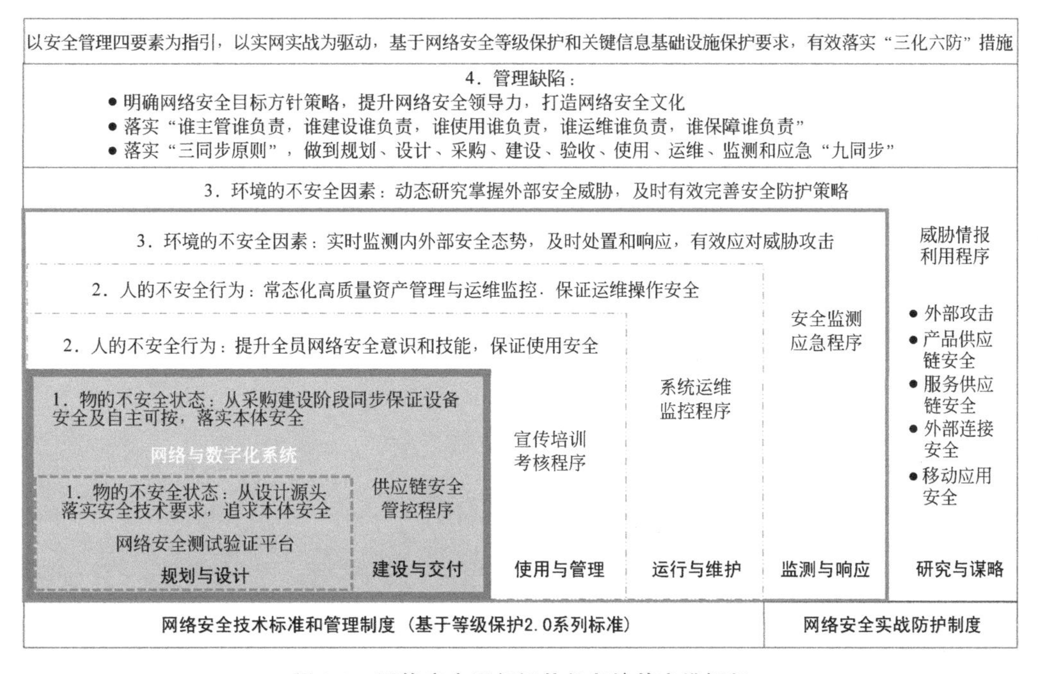

图3-5　网络安全同行评估任务统筹安排框架

在同行评估过程中，评估队需要按照实战化驱动的同行评估思路，由外到内进行网络安全威胁和IT资产脆弱性的识别和分析，以实战化发现漏洞和短板弱项的基本方法，驱动所有评估任务的总体统筹、合理安排和深入推进，突出评估工作重点方向、安全领域和具体对象，以便快速、精准地抓住受评方在整体安全防护能力方面可能存在的风险领域和短板弱项，高质量达成同行评估的工作目标。评估方在统筹安排同行评估各项任务时，应该善用安全管理四要素这种管理和领导层比较熟悉的思考框架，同时通过实战化发现受评方实际存在问题的客观事实，有理有据地引导受评方各个层级重视、认识和理解同行评估发现的所有待改进项及改进建议，从而有效地推动落实各项整改提升行动。

第4章

网络安全同行评估组织和流程

在组织开展网络安全同行评估时，由评估方负责策划和组织成立专项评估队伍，明确网络安全同行评估工作目标、评估准则、评估任务、人员分工和评估计划，并按照评估准备、现场评估、报告编制和评估回访 4 个阶段安排各项具体工作，受评方全过程协助、参与和支持落实。

参照核能行业同行评估工作的组织、流程和经验反馈，结合网络安全领域的风险评估以及等级保护测评过程相关标准和具体实践，在组织开展网络安全同行评估时，由评估方负责策划和组织成立专项评估队伍（评估队），明确网络安全同行评估工作目标、评估准则、评估任务、人员分工和评估计划，并按照评估准备、现场评估、报告编制和评估回访4个阶段安排各项具体工作，受评方全过程协助、参与和支持落实。

4.1 同行评估组织与成员分工

同行评估组织涉及同行评估活动的组织方、评估队以及受评方，其核心是评估队。通常，评估队的成员主要包括领队/副领队、队长/副队长、协调员、领域评估员等，根据工作需要，也可配置观察员、离场代表、顾问、秘书等角色。受评方应该对等指定各个角色的对口人。同行评估队的构成及评估方和受评方工作接口如图4-1所示。

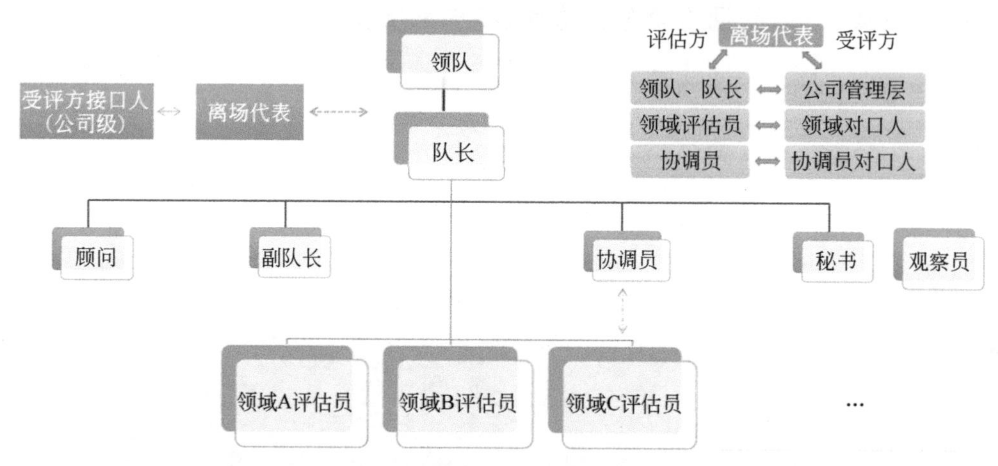

图4-1　同行评估队构成及评估方和受评方工作接口

下面依次介绍各个角色的职责分工。

1. 领队/副领队

领队一般由评估方的相关领导担任。领队应全面理解和掌握同行评估工作体系、特点和方法，秉持同行评估精神，引领评估队聚焦管理并不断追求卓越。考虑到领队可能在现场评估期间无法全程参加评估工作，可指定一名副领队，全面协助领队工作，或必要时代行领队职责。领队的主要责任如下：

(1) 推动评估工作的全面实施。

(2) 代表评估方全面指导同行评估工作，统领全队工作，并对重要敏感问题提供决策意见。

(3) 挑选合格的人员参与评估活动，组建评估队。

(4) 协调评估活动相关各方关系，保障评估工作的顺利开展。

(5) 为同行评估工作提供专家技术支持。

(6) 对评估结果保密。

2. 队长/副队长

队长是整个评估队的核心和关键角色，一般由具有丰富的本行业网络安全管理和实战化指挥经验的领导或权威专家担任。队长应全面了解和掌握同行评估工作体系和特点、评估准则和具体评估方法，具备相当于等级保护高级测评师的专业技术和管理协调能力。队长的主要责任如下：

(1) 领导评估员树立高标准评估目标，并指导评估员达到高标准的期望，培训和指导评估员。

(2) 对评估结果负责，确保完成高标准的评估报告，并帮助受评方在评估领域追求卓越。

(3) 与受评方保持良好的联系，以保证其理解评估队所发现问题的重要性。

(4) 通常直接负责网络安全领导力以及管理保障体系等领域的评估。

(5) 主持队会，制订每日队会计划；主持网络安全领导力创新工作坊；主持有关挑战会。

(6) 批改报告，包括观察报告和待改进项报告，编写最终评估报告中的部分章节。

(7) 对评估结果保密。

一般同时指定一名副队长协助队长开展工作。副队长的主要责任如下：

(1) 负责管理保障体系等领域的评估。

(2) 指导评估员开展工作。

(3) 批改报告，包括观察报告和待改进项报告。

(4) 负责评估队与受评方之间的协调。

(5) 对评估结果保密。

3. 协调员

协调员是整个评估队评估工作的信息枢纽，负责评估队所有日常工作的计划、组织、安排、沟通和协调。一般由受评方指定一名熟悉同行评估工作的专职人员担任协调员。其责任如下：

(1) 帮助组建评估队。

(2) 审核评估期间产生的所有文件，确保其满足评估要求。

(3) 协调观察、访谈等评估活动安排，在评估前后保持与受评方的长久联系。

(4) 吸收队长的意见，编写评估结论报告，确保评估方同行评估报告的一致性。

(5) 帮助整个评估过程顺利实施。

(6) 协调后勤保障等工作。

(7) 对评估结果保密。

协调员的对口人，也就是受评方协调员，负责协调评估队与受评方之间的工作和信息沟通，支持评估队的工作，提供受评方重要活动安排，帮助评估员确定有意义的观察活动。

4. 评估员

评估员是评估队的主要成员，具备与受评方所在行业和专业领域丰富的实际工作经验，全面了解和较好地掌握同行评估工作的特点、体系和方法，具备类似等级测评中高级测评师的网络安全专业能力。由于评估员与受评方的领域对口人面临着类似的挑战，承担着类似的职责，因此也就面临更多类似的现场实际问题，在评估工作的全过程中就有更多的共鸣和共识，有助于同行之间更深入、有效地交流与分享。这也是同行评估与等级测评等工作的一个重要的不同点。评估员的主要责任如下：

(1) 负责一个领域的评估工作。

(2) 努力工作，以事实和报告说明受评方的问题所在。灵活、有效、积极地帮助整个评估队的工作。

(3) 进行查阅文件、人员访谈和现场观察等评估活动，填写记录卡片，编写观察报告，编写所负责领域的评估结论报告(领域小结)。

(4) 与其他评估员和受评方领域对口人共享经验和信息。

(5) 向受评方的领域对口人和管理层介绍本领域的强项和待改进项。

(6) 对评估结果保密。

根据网络安全工作的特点，一般建议配备8～10名评估员，两人一组，分别负责受评方网络安全总体情况(总体组)、工控系统等核心生产系统和重要生产管理系统(生产应用组)、经营管理办公系统(内网应用组)、移动互联系统(移动应用组)以及基础设施与运维监测(运维监测组)。每组人员的专业经验、所在单位和评估经验等方面按照互补原则尽量合理搭配，以便在评估工作过程中更有效地分享不同单位和个人的实践经验。同时，评估队队长要明确指定每个领域的评估负责人，由领域评估员统筹负责指定领域的全面评估工作，重点是组织研判、发现、研讨、编制和报告本领域的待改进项、强项以及领域评估小结等。

5. 观察员

为建设和培养高水平行业级网络安全同行评估队伍，通过评估实战开展同行评估人才实训，经双方同意，有时也指定若干观察员，参与现场同行评估工作。其责任如下：

(1) 观摩评估过程，学习评估方法，积累评估经验。

(2) 参与评估活动，包括培训和现场评估活动。

(3) 填写评估记录卡，协助本领域评估员编写观察报告和评估结论报告(领域小结)。

(4) 对评估结果保密。

6. 其他角色

有时候，为了更有效地进行评估方和受评方之间的沟通，增进对评估重大事项或偏差的理解和共识，双方可明确一名第三方业内权威同行专家担任离场代表；为了使评估工作更加科学、客观和有效，双方也可聘请若干名顾问。此外，可以由受评方配备一名秘书，协助协调员承担文档、交通、后勤和会务等管理工作。

4.2 同行评估流程和具体工作

整个同行评估工作一般按照评估准备、现场评估、报告编制和评估回访 4 个阶段开展工作。图 4-2 给出了网络安全同行评估 4 个阶段及其各阶段的具体工作。下面分别描述各项具体工作的工作内容以及评估方和受评方的责任分工。

4.2.1 评估准备

为了顺利、高效和高质量地开展和完成网络安全同行评估工作，评估方必须高度重视，牵头负责和精心组织做好各项评估准备工作。在受评方和评估方达成开展网络安全同行评估的初步意向后，评估方即可着手评估准备。一般建议评估准备工作应在开展现场评估之前 3～6 个月开始。

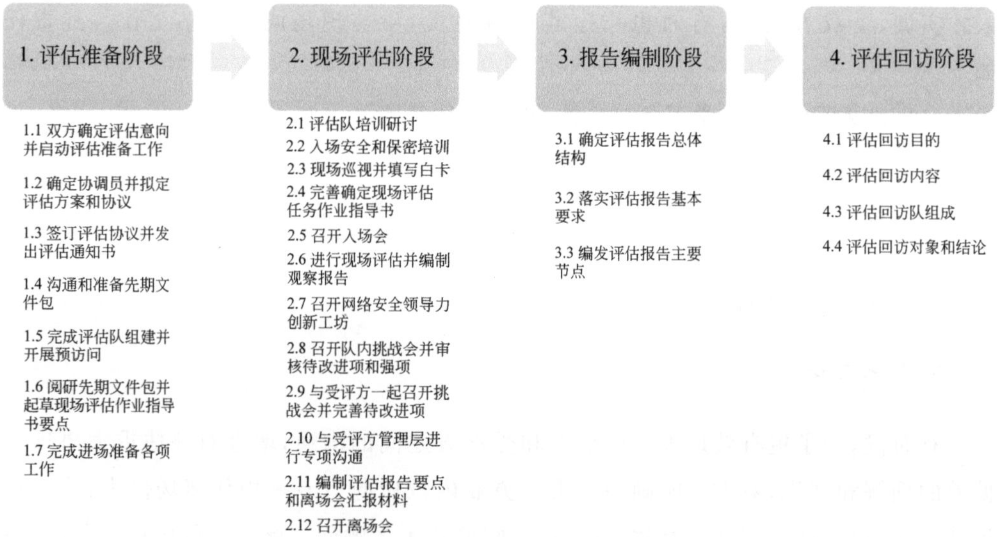

1. 评估准备阶段
- 1.1 双方确定评估意向并启动评估准备工作
- 1.2 确定协调员并拟定评估方案和协议
- 1.3 签订评估协议并发出评估通知书
- 1.4 沟通和准备先期文件包
- 1.5 完成评估队组建并开展预访问
- 1.6 阅研先期文件包并起草现场评估作业指导书要点
- 1.7 完成进场准备各项工作

2. 现场评估阶段
- 2.1 评估队培训研讨
- 2.2 入场安全和保密培训
- 2.3 现场巡视并填写白卡
- 2.4 完善确定现场评估任务作业指导书
- 2.5 召开入场会
- 2.6 进行现场评估并编制观察报告
- 2.7 召开网络安全领导力创新工坊
- 2.8 召开队内挑战会并审核待改进项和强项
- 2.9 与受评方一起召开挑战会并完善待改进项
- 2.10 与受评方管理层进行专项沟通
- 2.11 编制评估报告要点和离场会汇报材料
- 2.12 召开离场会

3. 报告编制阶段
- 3.1 确定评估报告总体结构
- 3.2 落实评估报告基本要求
- 3.3 编发评估报告主要节点

4. 评估回访阶段
- 4.1 评估回访目的
- 4.2 评估回访内容
- 4.3 评估回访队组成
- 4.4 评估回访对象和结论

图 4-2　网络安全同行评估工作流程

1. 双方确定评估意向并启动评估准备工作

受评方和评估方协商确定开展网络安全同行评估的意向，双方同意启动评估准备工作。一般做法是：由受评方填写和提出评估委托申请，评估方决定是否接受评估委托并纳入评估工作安排。

2. 确定协调员并拟定评估方案和协议

评估方指定评估协调员，受评方指定对口工作负责人。双方初步明确评估工作目标和现场评估起止时间。评估方协调员拟定评估工作计划，策划组队方案，包括联系队长、副队长和领域评估员，收集队员信息。受评方确认领队和队长。领队和队长审定评估工作计划。受评方审核评估协议。

3. 签订评估协议并发出评估通知书

双方商定保密承诺书和评估合同或协议。评估方正式发出评估通知书，通知受评方启动现场评估准备工作，通知评估队所有成员做好时间和工作安排，启动职责范围内的各项评估准备工作。

4. 沟通和准备先期文件包

协调员准备先期文件包(Advanced Information Package，AIP)，包括AIP需求、后勤需求、对口人需求、评估初始文件等。与受评方工作负责人讨论AIP需求、后勤需求、对口人需求、现场评估计划。受评方确认现场评估时间和评估队组队信息等。

5. 完成评估队组建并开展预访问

参照以上评估队组成及其成员分工，完成评估队组建，明确评估队成员内部评估任务分工。受评方准备先期文件包、后勤、对口人队伍等。受评方完成各项准备工作，提交先期文件包、对口人信息，准备必要的办公、住宿、现场服装工鞋等进入现场许可等条件。评估队协调员和领队、队长等主要人员赴现场开展预访问，与受评方管理层和对口负责人进一步沟通明确评估工作目标、评估重点和方案要点，查看现场评估工作场地和设施等条件。

6. 阅研先期文件包并起草现场评估作业指导书要点

评估队员阅研先期文件包信息并作评估准备，按照队内评估任务分工，形成“阅研先期文件包后发现的关注问题清单”，并与受评方相关对口人开展进场前沟通，起草现场评估任务作业指导书要点，为现场快速精准开展评估做好充分准备。

7. 完成进场准备各项工作

协调员收集评估队成员行程信息，包括行前提醒等。评估队全体成员按计划进驻现场。

8. 评估准备阶段双方职责

评估方职责如下：

(1) 向受评方介绍同行评估的意义和目的、评估流程和工作方法。

(2) 了解受评方的网络和系统建设状况。

(3) 指出受评方需提供的基本资料(先期文件包)。

(4) 向受评方说明评估工作自身的风险和规避方法。

(5) 准备受评网络和系统基本情况调查表单。

(6) 了解受评网络和系统基本情况。

(7) 初步分析受评网络和系统的安全情况。

(8) 准备必要的评估工具和文档。

受评方职责如下：

(1) 向评估组织方介绍本单位的网络和系统建设状况与发展情况。

(2) 准备评估队需要的资料。

(3) 为评估人员的信息收集提供支持和协调。

(4) 根据受评网络和系统的具体情况，如业务运行高峰期、网络和系统运维变更计划等，为评估时间安排提供适宜的建议。

(5) 提出、商定并签署评估保密协议书，明确保密具体要求。

(6) 必要时应采取备份数据和系统等措施，制订应急预案。

4.2.2　现场评估

现场评估是评估工作的核心，主要依据评估领域的业绩目标与评估准则要求，将评估准则的具体要求落实到实际评估工作中，通过对受评方的人员访谈、文档审阅、现场观察、配置核查和安全测试，并调阅自查、等级测评或上次评估报告（如果有），对受评方网络与系统的安全保护现状和管理现状等进行取证，取得足够的证据和事实资料，在与受评方对口人充分沟通确认的基础上，开展队内研讨、分析与总结活动，综合形成观察报告（OBS）和基本问题描述（FOB），总结形成待改进项，并形成评估报告初稿。图 4-3 给出了现场评估过程、内容、方式、责任以及阶段性成果的递进关系。

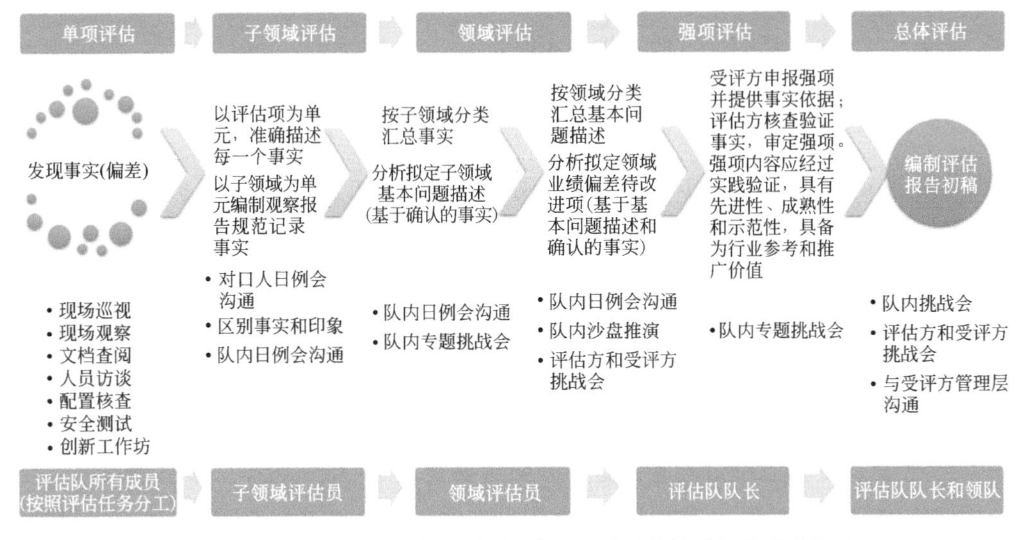

图 4-3　现场评估过程、内容、方式、责任以及阶段性成果的递进关系

1. 评估队培训研讨

评估队培训研讨是现场评估工作的第一项重要内容，目的是进行评估队现场评估工作总动员，使全体队员（包括受评方对口人）充分了解同行评估工作的特点、体系和方法，了解和掌握网络安全业绩目标与评估准则使用要点，了解受评方网络安全工作的总体情况、关注问题和管理层期望，了解本次评估工作的基本目标、评估重点和任务分工，介绍并研讨评估队员在评估准备阶段起草的“阅研先期文件包后发现的关注问题清单”以及评估任务作业指导书要点。

评估队培训研讨一般由队长负责主持，适合采用创新工作坊的形式，一般安排半天时间(4h)。通常由队长负责培训研讨材料的导入，拟定有关同行评估特点、体系、方法、业绩目标、评估准则、评估重点和关注问题等相关研讨主题/问题清单，充分调动全体队员进行互动研讨，相互启发，集智共创，达成上述培训研讨的目的。领队最后进行动员讲话，提出期望，强调责任和注意事项。

2. 入场安全和保密培训

一般由受评方提供入场安全和保密培训，介绍在现场评估工作期间评估队成员应关注和遵守的有关工业安全、信息保密、后勤交通等基本要求，包括签订个人保密承诺书、完成入场安全考试等。一般安排一小时左右。

3. 现场巡视并填写白卡

为了获得直观信息，初步了解受评方网络与信息系统实际运行、维护、监测和管理现状，对受评方网络安全防护情况形成总体印象，为后续现场评估活动打好基础，通常安排 1～2h 的现场巡视。现场巡视一般按照评估任务的特点分组进行，每组 2～4 人。例如，生产应用组负责巡视工控系统等核心生产系统和重要生产管理系统所在的数据中心主机房、重要感知节点设备和用户终端设备现场，内网应用组和移动应用组负责巡视受评方经营管理办公系统和移动互联系统所在的数据中心主机房和典型终端用户办公现场，运维监测组重点巡视受评方网络安全运维监测中心，总体组重点巡视受评方网络安全专项规划、总体架构、管理制度和文件体系及其执行记录等。在现场巡视过程中，应按评估记录要求及时准确填写白卡(现场巡视记录卡)。

4. 完善确定现场评估任务作业指导书

评估员在前述工作基础上，结合评估队现场培训研讨和现场巡视等工作成果，就自身承担的评估任务作业指导书进行进一步补充完善，尤其是评估的重点和突破口，据此相应修订调整后续现场评估时拟采用的评估准则、具体评估对象、评估内容和记录表格等，为在有限的现场评估时间内快速、精准和有效地发现和定位受评方网络安全业绩目标方面的短板弱项奠定坚实基础。一般安排 2～3h，通常安排在培训研讨和现场巡视之后的当晚进行。

5. 召开入场会

入场会是评估方和受评方双方领导、评估员和对口人等全体参加的评估工作现场启动会。一般由评估方的领队主持，侧重强调同行评估工作的特点，对事不对人，聚焦管理、分享经验和追求卓越；受评方领导致欢迎词，侧重强调内部坦诚、全力地参与和配合，鼓励主动、积极和全面地发现深层次的管理不足，找准问题的根本原因，为受评方网络安全体系化、常态化和实战化能力的提升提供客观、有效的输入。受评方对口负责人简要介绍受评方网络安全总体情况。评估队队长简要介绍评估准备情况、评估队成员及任务分工以及评估工作计划。入场会比较简短，一般控制在一小时以内。

6. 进行现场评估并编制观察报告

进行现场评估并编制观察报告是现场评估阶段最基础和最关键的工作，一般安排 3～4 天时间。评估员通过观察、访谈、查阅资料、配置检查等方法以及队员之间、队员与受评方对口人之间交流、研讨和确认等方式，按照评估任务作业指导书选定的领域业绩目标与评估准则，开始现场评估。按照事实（偏差）、观察报告的编写要求，及时做好有关评估记录。每天上午至下午 4:00，评估员开展现场具体评估工作，起草事实和观察小结，与受评方对口人澄清确认观察意见；下午 4:00 开始，召开评估队日会，报告当日重要发现，交流关注问题，及时调整补充具体评估作业内容。一般晚上全队成员集中办公，评估员及时归纳编写和修订观察报告，队内开展必要的补充培训、交流和研讨。前 3 天的工作重点是确保在各项评估任务对应的评估领域中发现的事实的质量。从第 4 天开始，应及时将工作重点转移到评估事实数据分析、起草编制基本问题描述以及待改进项初稿上，并加强队内讨论，补充评估具体内容，保证支撑待改进项事实的数量；同时，同步加强评估员与受评方对口人的事实沟通、补充和确认工作。各角色在现场评估期间需要注重协同协作，按照图 4-4 所示的现场评估工作流程，有序、高效和高质量地开展现场评估各项工作。

在现场评估开始前，评估员应明确告知受评方评估过程中的可能风险。例如，要使用安全检测工具对系统或网络等进行必要的检测，该类检测应取得受评方的同意。具体实施前，应在风险分析的基础上，采取系统和数据备份、受评方对口人全程监视或直接亲自操作等方式规避风险。

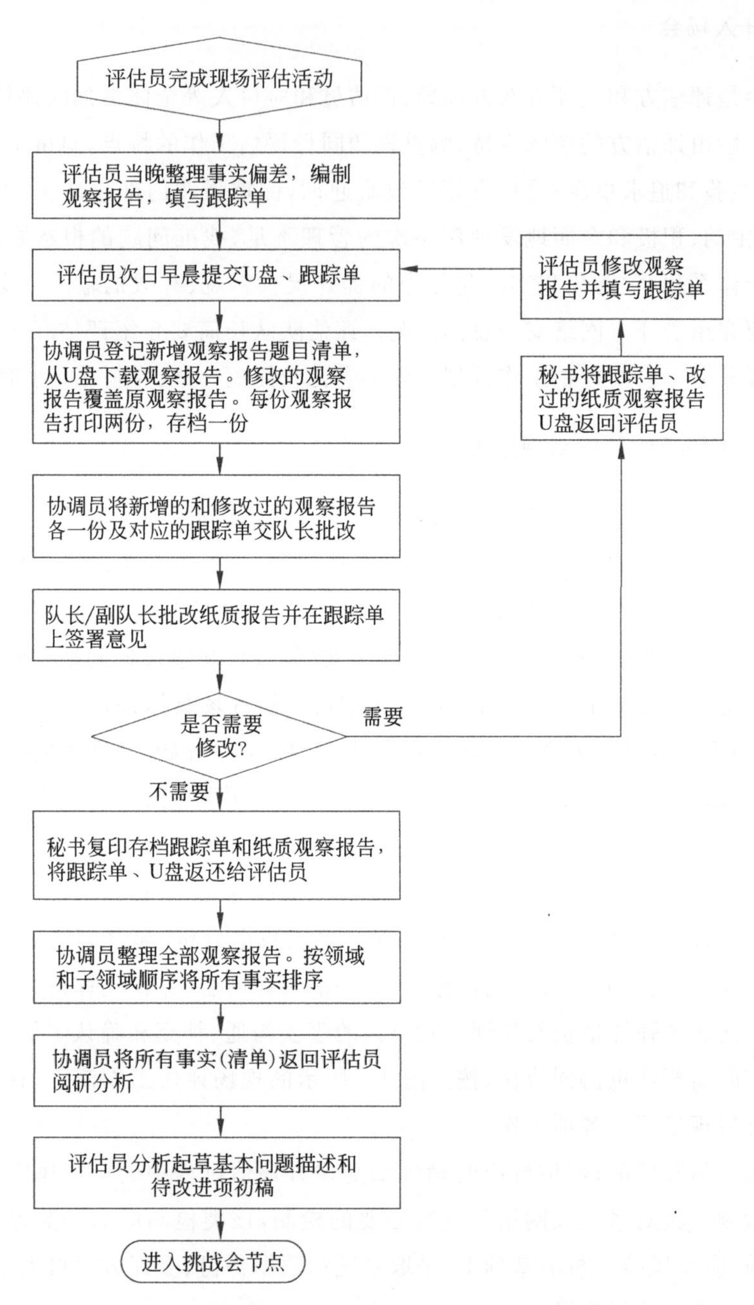

图 4-4　现场评估工作流程

7. 召开网络安全领导力创新工坊

现场评估本质上是一种自下而上的评估分析方法，针对受评方各领域具体工作对口人，评估员通过各种评估方式或方法，发现具体的偏差事实，然后进行汇总、分类和分析，逐步聚焦管理不足。因此，为了弥补现场评估方式上的不足，协助受评方管理层更充分地认识和把握网络安全工作的特点、规律和方法，充分激发受评方领导和管理层对网络安全工作的改进动力，通过召开网络安全领导力创新工坊，是一项非常有效的自上而下的评估方式。该创新工坊一般安排在第 3 天上午，时间为 1.5～2h，建议受评方领导、网络信息部门负责人、安全生产管理负责人以及主要业务部门负责人（相当于受评方网络信息委员会全体成员）参加，评估方领队、队长和协调员参加。通常由评估方领队或队长主持，作为创新研讨教练，结合受评方的实际情况，以网络安全领导力业绩目标与评估准则为指引，引导受评方领导和管理层充分参与互动讨论，了解受评方在提升网络安全领导力和打造网络安全文化方面的具体实践或改进设想，同步研讨并征询受评方对提升网络安全领导力的评估意见和建议。

8. 召开队内挑战会并审核待改进项和强项

在评估员开展现场评估并获取足够数量和高质量的偏差事实之后，各领域评估员已经起草编制了基本问题描述和待改进项初稿，评估队队长应及时组织召开队内挑战会，全队集体审核每一位领域评估员起草的待改进项初稿，侧重审核偏差事实的数量和质量、业绩目标偏差描述和业绩目标偏差主题，领域评估员同步提出和修订领域评估小结和待改进项审核稿。此外，还需要研讨和审定受评方提出的强项事实，确定强项内容。待改进项和强项报告文件编制修订流程与图 4-4 所示的工作流程一致。一般安排在第 4 天上午。

9. 与受评方一起召开挑战会并完善待改进项

评估方基于领域评估员审核修订的待改进项及支撑事实，与受评方全体对口人一起召开挑战会，由受评方各领域对口人进一步反馈和确认对待改进项和强项等的意见和建议。评估员以此为基础，结合评估队队长和领队的意见，进一步完善领域小结和待改进项内容。一般安排在第 4 天下午。

10. 与受评方管理层进行专项沟通

与受评方管理层进行专项沟通是评估队向受评方领导和管理层反馈评估总体情况、主要待改进项和强项的一项重要安排。旨在进一步听取受评方管理层的意见，确保双方在充分沟通的基础上对主要评估结论达成共识，增强受评方进一步发挥强项优势和将待改进项切实纳入受评方后续内部整改计划的决心和信心。一般安排在第4天下午。

11. 编制评估报告要点和离场会汇报材料

编制评估报告要点和离场会汇报材料是现场评估书面总结的重要工作。在召开离场会前，评估方需要进一步结合与受评方一起召开的挑战会的情况和与受评方管理层进行专项沟通的情况，进一步完善和确定评估报告要点，并编制离场会汇报材料，主要包括评估工作小结、评价总体结论、领域小结和强项与待改进项描述等。一般安排在第4天晚上，主要以队长和协调员为主完成，领队和领域评估员协助。

12. 召开离场会

离场会是现场评估活动结束的重要工作节点。经过紧张有序的现场评估，评估队已完成评估报告要点，起草了评估报告初稿。通过召开离场会，由评估队协调员陈述评估工作小结，由评估队队长陈述评估总体结论，由评估队领域评估员分领域介绍初步评估结果，包括领域小结、领域强项、待改进项及改进建议，最后由受评方领导和评估方领队作评估工作总结讲话。离场会一般安排受评方领导主持，双方参与评估工作的全体人员参加，时间控制在一小时以内。

13. 现场评估阶段双方职责

评估方职责如下：

（1）利用人员访谈、文档审阅、现场观察、配置核查和安全测试等方法评估系统及其运维管理的保护措施，对标业绩目标与评估准则，找出偏差项。

（2）组织召开现场评估培训研讨、挑战会以及网络安全领导力专题创新工作坊。

（3）对受评方提交的强项申报情况进行评估，确定是否存在强项。

受评方职责如下：

(1) 协调受评网络和系统内部相关对口人的工作关系,配合评估工作的开展。

(2) 回答评估员的问题,对某些需要验证的内容上机进行必要的验证操作。

(3) 确有必要时,协助评估员实施工具测试并提供有效建议,降低评估对系统运行的影响。

(4) 协助评估员完成业务相关内容的问题验证和测试。

(5) 相关对口人对评估结果进行确认。

4.2.3　报告编制

在离场会议纪要和评估报告初稿基础上,受评方可以对初稿进一步反馈意见,各领域评估员完善其负责的领域的最终评估结论,由协调员汇总编制评估总报告,经评估队队长审定修改,按评估方内部审批流程进行审批,一般应该在离场后一个月内正式发送受评方,评估方保留一份。

4.2.4　评估回访

1. 评估回访目的

评估回访的目的是加强与受评方的进一步交流。受评方在6～10个月内对评估队提出的待改进项的整改情况。

2. 评估回访内容

现场评估结束离场后,评估员返回各自单位,但评估活动还未最终结束,评估方需在一个月内正式签发评估报告。受评方根据评估报告中指出的待改进项及其改进建议制订相应的改进计划,并有效组织实施。根据受评方的需要,一般在4～10个月后,评估方发出跟踪回访通知,组织部分评估员开展现场跟踪回访,编写跟踪回访结果报告,评估方审定后正式提交给受评方。

3. 评估回访队组成

回访成员一般包括领队或副领队、队长或副队长以及协调员,以及不超过队员半数的原评估员。尽量安排最终评估报告中各待改进项对应的领域评估员参加。

4. 评估回访对象和结论

评估回访队只关注受评方对待改进项的整改落实情况。回访结论可分为 4 级：A 为进展满意；B 为正在改进，应该继续；C 为需要增加管理层关注；D 为待改进项的状态几乎没有变化。

回访结论直接附加到评估报告中，形成一份完整的评估报告。回访中同样安排入场会和总结会，一般现场提交回访报告，以便受评方及时制订并实施改进计划。最迟一个月后提交最终报告。至此，一次完整的同行评估工作全部结束。

第5章

网络安全同行评估技术和方法

同行评估通常采用的方法主要包括现场巡视、现场观察、文档审阅和人员访谈等。对于网络安全领域，还可考虑采用配置核查、安全测试和沙盘推演等方式进行补充，或者以等级测评、实战演习等报告成果作为同行评估的输入。

5.1 同行评估技术和方法

同行评估通常采用的方法主要包括现场观察、文档审阅和人员访谈等。对于网络安全领域，还可考虑采用配置核查、安全测试和沙盘推演等方式进行补充，或者以等级测评、实战演习等报告成果作为同行评估的输入。在工作方式上，也可以采用创新工坊、挑战会等形式。评估方应该本着审慎的原则，在开展现场评估时，一般不安排涉及网络和系统的配置核查和安全测试等风险评估内容，避免执行系统数据变更操作；确有必要时，应与受评方对口人进行协商，明确具体操作步骤并制订风险控制措施，由受评方对口人进行风险分析和把握，根据受评方的有关操作规程和评估项需求对受评网络和系统进行核查操作。如有近期类似的测试报告，应尽可能采用，作为现场观察的输入。

1. 现场观察及应用简述

评估人员通过观察工作被如何执行、执行得如何、其后果如何，并询问工作是否可以被进一步提高或改善，然后确定一组事实，每一个事实都是一个偏差或未被做好的事，并且给出判断的理由，即这样做将会如何，最后编制形成观察报告。

评估人员进行现场观察之前，应准备好评估作业指导书、评估结果记录表格等。开展现场观察时，应根据受评方的实际情况，在受评方对口人的陪同下，到系统运行现场通过实地观察相关人员的操作行为、技术设施和物理环境状况，判断人员的安全意识、业务操作、管理程序和系统物理环境等方面的安全情况，评估其是否符合相应评估项的安全要求。

针对不同等级系统的具体评估对象，在评估实施时有不同的强度要求。总体而言，在进行现场观察时，应参照评估作业指导书选定的评估项基本要求，判断实地观察到的情况与制度和文档中说明的情况是否一致，核查相关设备、设施的有效性和位置的正确性，与系统设计方案的一致性。

现场观察完成后，应做好现场观察评估结果记录，以评估项为单元，准确描述每一个事实偏差，并与受评方对口人沟通确认，写入观察报告。

2. 文档审阅及应用简述

文档审阅是指评估人员通过对受评方支撑网络与信息系统安全建设与运维的安全管理制度、工作记录等文档的核查，获取证据以证明受评方网络与信息系统的安全保护要求是否全面，安全保护规定是否得到执行，是否有更有效的实践可以应用。

评估人员在开始文档审阅之前，应根据自己承担的评估任务需要，取得受评方对口人的支持，准备好待审阅的主要文档，例如受评方网络安全策略、安全方针文件、安全管理制度、安全管理的执行过程文档、系统设计方案、网络设备的技术资料、系统和产品的实际配置说明、网络安全设备或软件的安全性测试报告、系统的各种运行记录文档、机房建设相关资料、机房出入记录等过程记录文档。

在文档审阅中，侧重进行以下几个核查工作：

(1) 核查该任务评估作业指导书需评估的有关制度、策略、操作规程等文档是否齐备。

(2) 核查是否有完整的制度执行情况记录，如机房出入登记记录、电子记录、关键设备使用登记记录等。

(3) 核查安全策略以及技术相关文档是否明确说明了相关技术要求的实现方式。

(4) 对上述文档进行审核与分析，核查其完整性和这些文档之间的内部一致性。

针对不同等级系统的具体评估对象，在评估实施时有不同强度要求。总体而言，在进行文档审阅时，应参照评估作业指导书选定的评估项基本要求，检查文档是否齐备且完整，并且所有文档之间是否保持一致性。要求有执行过程记录的，过程记录文档的记录内容应与相应的管理制度和文档保持一致。与实际情况保持一致，安全管理过程应与系统设计方案保持一致且能够有效地对系统进行管理。

文档审阅完成后，应做好文档审阅评估结果记录，以评估项为单元，准确描述每一个事实偏差，并与对口人沟通确认，写入观察报告。

3. 人员访谈及应用简述

人员访谈是指评估员通过与受评方对口人进行交流、讨论等活动，获取事实证据以证明网络与信息系统的安全保护措施、管理体系及其运行有效性以及是否追求卓越。

在访谈开始前，评估人员应准备好现场评估工作计划、评估作业指导书以及评估结果记录表格等。访谈评估时，评估员与受评方对口人进行交流、讨论等活动，获取相关证据，了解有关信息。评估员应侧重识别和发现受评方的实践与评估项的要求存在的事实偏差以及偏差原因、相关补偿措施和潜在风险等。在访谈范围上，不同评估任务有不同的要求，一般应基本覆盖所有的安全相关人员类型，在分类基础上抽样。具体可参照 3.5 节介绍的同行评估典型任务作业指导书要点。访谈完成后，应做好访谈评估结果记录，以评估项为单元，准确描述每一个事实偏差，并与对口人沟通确认，写入观察报告。

4. 配置核查及应用简述

配置核查是指评估人员通过对受评网络和系统进行观察、查验、分析等活动，获取证据以证明受评网络和系统安全保护措施是否有效。

评估人员在进行配置核查之前，应准备好评估作业指导书、评估结果记录表格等。在配置核查中，应侧重进行以下工作：

(1) 根据评估结果记录表格内容，利用上机验证的方式核查应用系统、主机系统、数据库系统以及各设备的配置是否正确，是否与文档、相关设备和部件安全配置要求保持一致，对文档审阅的内容进行核实(包括日志审计等)。

(2) 如果系统在输入无效命令时不能完成其功能，应测试其是否对无效命令进行错误处理。

(3) 针对网络连接，应对连接规则进行验证。

针对不同等级系统的具体评估对象，在开展配置核查时有不同强度要求。总体而言，在进行配置核查时，应参照评估作业指导书选定的评估项基本要求，评估其实施的正确性和有效性，核查配置的完整性和准确性，测试网络连接规则的一致性，测试系统是否符合可用性和可靠性的要求。

配置核查完成后，应做好配置核查评估结果记录，以评估项为单元，准确描述每一个事实偏差，并与对口人沟通确认，写入观察报告。

配置核查也可能影响受评方网络与信息系统正常运行。在进行现场评估时，如果需要对设备和系统的安全策略配置和安全功能进行核查验证，部分配置核查内容会涉及对设备的操作，可能对系统的运行造成一定的影响，甚至存在误操作的可能。因此，如确有必要进行此类配置核查，评估方需要相应地拟定风险控制措施，并与受评方对口人事先协商一致。

5. 安全测试及应用简述

安全测试是指评估人员使用预定的方法/工具使受评网络和系统产生特定的行为，通过查看、分析这些行为的结果，获取证据以证明受评方网络与信息系统安全保护措施是否有效。

评估人员在进行安全测试前，应准备好评估作业指导书、评估结果记录表格等。在进行安全测试时，应在受评方对口人陪同下，按照事先编制和沟通确认的安全测试风险防范要求进行如下工作：

(1) 根据评估作业指导书，利用技术工具对系统进行测试，包括基于网络探测和基于主机审计的漏洞扫描、渗透性测试、功能测试、性能测试、入侵检测和协议分析等。

(2) 备份测试结果。

针对不同等级系统的具体评估对象，在评估实施时有不同的强度要求。总体而言，在进行安全测试时，应参照评估作业指导书选定的评估项基本要求，针对服务器、数据库管理系统、网络设备、安全设备、应用系统等进行漏洞扫描，针对应用系统完整性和保密性要求进行协议分析，渗透测试应包括基于一般脆弱性的内部和外部渗透攻击，针对物理设施进行有效性测试。

安全测试完成后，应做好安全测试评估结果记录、测试完成后的电子输出记录、备份的测试结果文件等，以评估项为单元，准确描述每一个事实偏差，并与对口人沟通确认，写入观察报告。

安全测试可能影响受评方网络与信息系统正常运行。在进行现场评估时，如果使用一些技术测试工具进行漏洞测试、性能测试甚至渗透测试等，可能会对系统的负载造成一定的影响，其中漏洞测试和渗透测试可能对系统数据造成一定破坏。因此，必须慎重选择和确定安全测试的必要性、测试内容、测试工具、测试作业步骤和风险控制与应急处置措施。在同行评估中，建议尽可能不重新实施安全测试，而要利用已有的最新安全测试结果。

6. 沙盘推演及应用简述

沙盘推演是核能行业同行评估中采用的评估方法之一。在核电工程建设领域，利用沙盘推演方法，可以通过对项目场景的实战化演练，在现实方案、进度和资源配置的基础上，梳理和完善实施方案，深入剖析风险与挑战，借助行业专家经验，以多视角识别风险并开展逐级分析，提出解决方案或建议，进而促进项目风险管控。

近年来，沙盘推演在网络安全领域也逐步得到应用。应用沙盘推演，通常是利用实战攻防演习的成果，在攻击路线、攻击手段等方面的有效性已被证实的基础上，对无法进行实战演习的关键信息基础设施系统或特定场景，评估真实网络攻击或潜在网络安全风险可能对受评方的网络安全产生的实际影响，包括经济损失、声誉损失和可能的社会影响等，同时对攻防过程中受评方的应急响应有效性进行全过程评估。

评估方如果认为需要组织沙盘推演，应与受评方共同进行推演方案的策划和准备，基本思路是：在现场评估进入到一定深度和中后期阶段，汇总收集各评估领域初步发现和识别的主要业绩偏差(待改进项)，从中选定受评方重要的网络信息系统或关键信息基础设施系统作为推演攻击目标，识别其中风险较大或防守薄弱的攻击场景和攻击切入点，拟定推演攻击思路、路径、方式、方法和具体手段，形成不同组合的推演攻击方案。推演攻击方案应针对已评估发现的受评方网络安全防护短板弱项和风险隐患点，应具有理论和现实的可行性。在推演攻击时，评估队首先讲解攻击方案及其可行性，包括技术可行性、攻击可能投入的时间、人力和物力等，然后受评方进行提问和质询，并报告防守方案、应对措施和应急处置方案等，双方就不同组合的推演攻击方案和防守措施等进行对峙抗辩，就其中的风险、隐患、潜在后果以及防护措施等进行交流探讨。评估方的领队和队长以及受评方主管部门和分管领导作为评估专家组成员认真旁听、客观分析、科学研判，在推演攻击的过程中，本着“有则改之、无则加勉”的原则，全面、深入和系统地发现和研判受评方潜在的网络安全风险短板弱项，积极研判评估推演攻击成功后可能对受评方业务连续性产生的影响，包括可能造成的经济损失、声誉损失和社会影响等，为最后确定重要的待改进项、编制总体评估报告和完善应急处置响应措施等形成双方的共识。在沙盘推演结束后，应做好沙盘推演结果记录，进一步验证、确认和补充修订已发现的待改进项，尽可能提出相应的改进意见和建议。

7. 创新工坊及应用简述

创新工坊是一种基于创新设计思维，左右脑思考相结合，面向产品设计、服务创新和解决复杂问题，以积极、开放和创新的心态，按照一定的研讨框架和问题清单，规范、高效地探索和寻求创新解决方案的一套团队学习和创新的头脑风暴流程、工具和方法论。

在同行评估工作过程中，为了快速和精准地抓住关键问题或薄弱环节，提高评估作业指导书的编制质量和效率，积极调动全体评估员以及受评方对口人在评估工作中的积极性和创造性，切实达成“同行互评、互学互促”以有效提升评估工作效果的目标，在同行评估的入场培训、评估作业指导书编制、网络安全领导力研讨、总体评估中寻求待改进项的解决方案建议等场景或环节中，均可以考虑采用创新工坊的评估形式。

在开展创新工坊之前，评估方的领队或队长应与受评方负责人充分沟通，围绕评估工作的预定目标，识别和确定研讨主题，通过对该主题的初步研讨，进一步识别主要问题或问题的主要方面，确定问题研讨和分析模板，确定研讨团队成员和分组名单，确定创新教练、速记员和创意提炼师，准备场地环境和设备设施，准备问题导入材料等相关 PPT 文件。在创新工坊进行过程中，教练应在问题背景导入基础上直击问题清单，有序规范地调动团队每个成员进行创新思考和互动研讨，通过涂鸦思考、创意提炼、观点累加、去伪存真、分类归类、优先排序和总结展示等方式，共同探寻、筛选和提炼问题的解决方案。在创新工坊结束后，将相关解决方案的行动清单分解落实到每个评估员或受评方对口人，并且将这些研讨成果融入评估作业指导书编制、各评估子领域和领域事实偏差发现、问题根本原因分析和改进措施拟定等具体评估工作之中。

8. 挑战会及其应用

挑战会是同行评估中经常使用的一种沟通事实、确认偏差和达成共识的会议形式。挑战会可以是评估队内部成员之间的挑战，也可以是评估员与受评方对口人之间的挑战，旨在以事实为依据，以严谨的逻辑分析为主线，对评估队成员和受评方对口人提出的观点或意见进行交流和辩论，达到去伪存真、去粗取精等目的。

采用挑战会这种说法和会议形式，归根到底就是倡导同行评估中的各项工作成果都要“经得起挑战”。一方面，要求评估队成员在开展评估工作的全过程中充分发挥自己的专业和经验优势，以网络安全业绩目标为导向，以评估准则的基本要求为参考，着力发现受评方具体的事实偏差，坚持实事求是而非凭借个人印象，有理有据地如实、准确记录事实偏差和分析问题，得出的评估结论和评估建议经得起评估队成员和受评方对口人的质疑和挑战；另一方面，挑战会也是倡导一种严格、审慎、细致和务实的评估工作作风以及积极、开放和创新的工作氛围。

5.2 同行评估常用文件编制要点

5.2.1 编制和审阅先期文件包

编制和审阅先期文件包(AIP)是评估准备阶段最基础的工作。先期文件包由评估方提出需求,受评方具体负责编制并在入场前提交评估队。其目的是让评估队在开始现场评估之前,尽可能全面而概要地了解受评方业务和网络总体情况,为评估员编制现场评估任务作业指导书提供基本输入。先期文件包一般包括以下内容。

1. 受评方基本情况

受评方基本情况主要包括受评方企业性质、发展目标、核心业务、地域范围、管理架构、组织结构、制度体系、安全生产概况、内外部接口(如上级单位、业务或行业主管部门、下属单位、主要合作单位、主要供应商或客户)等信息。受评方可以列出其外部门户网站,以此为基础补充其他必要的信息或已有的相关信息。

2. 受评方网络安全总体情况

受评方网络安全总体情况主要包括受评方网络与信息系统总体架构、技术体系、运维和监测体系、管理体系和监督体系的基本构成和运行概况,等级保护定级、测评和检查发现的问题及其整改计划与执行进展概况。

3. 网络安全评估领域基本情况

网络安全评估领域基本情况主要是从网络安全领导力、安全物理环境、安全通信网络、安全区域边界、安全计算环境、安全建设管理、安全运维管理、安全监测防护和安全管理保障 9 个待评估领域简述受评方相应领域的网络安全防护实施基本情况和关注事项。

4. 管理层对本次评估的期望

管理层对本次评估的期望主要是简述受评方管理层网络安全关注问题以及对本次评估的期望。

5. 附表附件

附表附件主要包括：受评方网络结构总图和分区分域说明，受评方内部网络对外连接出口示意图及其简述，受评方网络安全等级保护定级（和拟定级）清单，重要或关键业务或信息系统功能、边界、组件部署、服务对象、用户分布和安全防护简介，受评估方网络安全防护良好实践简介，等等。

编制先期文件包，实际上是受评方开展内部自评估的一个工作过程，是整个同行评估及其价值体现的重要组成部分。受评方应尽可能地参考以上框架进行认真准备，以便为评估员高质量准备现场评估任务作业指导书并在有限的时间内有效完成现场评估工作奠定坚实基础。

评估队在收到先期文件包之后，评估队队长和协调员应分配和跟踪研阅任务。评估员应认真、全面研阅先期文件包，结合自己的网络安全防护经验、自己负责评估的领域以及相应领域的业绩目标与评估准则，进一步与受评方对口人进行核实或补充了解有关信息，编制"阅研先期文件包后发现的关注问题清单"，起草现场评估任务作业指导书要点，为现场快速、精准开展评估做好充分准备。

由于先期文件包事先需要经互联网邮件等方式发送给评估队和评估员，因此，受评方在准备先期文件包时，应注意避免在内容中出现敏感信息，并通过文件加密等方式进行传递。

5.2.2　评估发现和准确描述事实

1. 通过观察进行评估发现

同行评估是以业绩目标为基准的评价过程，观察是评估发现的一项重要手段。观察是指观察工作被如何执行、执行得如何、其结果如何，并进一步询问这项工作是否可以被做得更好。这里所指的观察，泛指现场观察、文档查阅、人员访谈等常见的同行评估方法。对于网络安全运行维护评估，现场观察是一种获得事实的重要手段，对于网络安全建设项目评估，可找到一些具体的开展现场观察的工作场景，并将现场观察与文档查阅、人员访谈等有效结合起来。这样，更有利于进行评估发现。

2. 评估发现的目的是识别偏差事实

同行评估是以事实为基础的评价过程，事实是评估的根基，是进行逻辑分析得出评估结论的基础。评估期间，评估员通过客观的观察得到事实，并准确、如实地描述事实。每一事实都是一个偏差或者未被做好的事，应给出判断其错误或不够卓越的理由，即这样做会如何(So What)。在对事实描述的过程中，评估员应不添加任何关于印象的词汇，仅是对客观事实的描述。在观察的同时，还应关注以下问题："与卓越标准相比，还有更好的做法吗？"这也是体现同行评估"聚焦管理、追求卓越"特点和价值的具体评估要点。

在观察过程中，评估发现依赖于整个评估活动中评估方和受评方开放坦诚的态度。因此评估员要每天将发现的问题及时告知受评方对口人，不应使其感到"意外"或"吃惊"。这将确保受评方对口人理解评估员的发现；如果受评方对口人认为评估员掌握的事实不充分，这还有助于评估员补充进一步的事实，确保双方对发现的问题理解一致。受评方对口人应积极配合观察，不要试图改变评估员发现的问题，一切从实际出发。

3. 规范有序地进行评估发现以获得有价值的偏差事实

评估员应以评估任务作业指导书为指导，根据选定的具体评估对象和评估项基本要求，选择合适的工作场景进行现场观察。观察的对象可以是工作开始前的准备或正在进行的现场作业，也可以是工作结束后的相关文件或受访者的表达，还可以是工作记录和相关的资料等。

观察有 4 个主要步骤：准备；实施观察；确认事实；编制观察报告。

(1) 准备。依照制订的评估计划，和对口人沟通，明确准备观察什么；观察的活动。例如，准备观察一项具体工作的过程，如域控系统维护操作，包括新增用户、用户授权修改、安全配置变更等；又如，准备观察一项具体工作的结果，如网络设备配置变更记录、网络安全设备安全策略变更记录等。接下来，选择被观察的活动，并清楚观察的预期结果(实际上就是评估项基本要求的期望结果)。要让被观察的人员明白，要对他们进行观察。协商好见面的时间、地点，并提前准备好所需要的文件资料等，弄清观察涉及的安全要求。

(2) 实施观察。在不干扰被观察活动的情况下，记录观察的发现。观察对象可以是工作过程，也可以是工作过程的结果，还可以是相关文件、人员访谈。评估员可能会看到不同于他所在单位的做法，但这不一定是错的。这也是"同行互学互促"的一种工作方式。

(3) 确认事实。回顾观察记录的内容，并通过讨论、检查，确保已清楚了解所有被观察的内容。首先要核对事实，包括确认观察到的事实是对的，搞清楚在观察时产生的疑问，更准确地确定出现的问题；其次，进一步跟踪事实，可以与当事人、工作负责人讨论，以保证记录的评估发现是事实，而不是评估员的感觉或印象。在工作结束后立即和受评方对口人讨论，不要使用对方感觉不友好的询问方式，如"你刚才为什么这么做?"等，应多提一些开放性的问题，或者分享自己的实践经验。最后，检查作业规程和作业记录，与受评方对口人和其他评估员讨论。这个坦诚沟通、充分讨论和严肃确认的评估过程是体现同行评估"同行相知、互学互促、经验分享、共同提升"的重要工作方式。

(4) 编制观察报告。观察报告是规范记录偏差事实的形式和载体，具体编制方法见5.2.3节。

4. 区分事实还是印象

在观察过程中经常会碰到事实和印象两个概念，必须清晰地把握它们的区别。事实就是客观事物的实际情况、本来面目；印象是接触过的客观事物在评估员头脑里留下的迹象，可以帮助评估员确定观察的方向。举例来说：

(1) 网络安全管理员向系统管理员提供不正确的指导。

(2) 项目经理没有将验收结果不符合技术规格书的情况告诉项目主管。

(3) 网络安全人员没有纠正用户不正确的客户端软件安装使用习惯。

(4) 没有开展网络安全保密培训，不利于提升员工的网络安全意识。

(5) 没有更新设备配置信息。

(6) 使用了不安全的监测工具。

(7) 员工之间沟通不好。

应该明确区分这些是事实还是印象。在观察、描述事实时，一定要以事物的本来面目为依据，不添加任何主观判断，以便提炼准确的事实。

5. 规范、简练和准确描述事实

通过以上观察行为，在观察记录基础上，以评估项为基本单元，将所见所闻的事实加以客观描述，而不要加进自己的主观想法。描述需经充分思考后进行文字表达，要求准确、具体、简洁、完整，应使人明白问题的重要性或影响。在进行事实描述时，不要记录任何用以识别被观察工作人员的细节，如具体姓名、具体岗位或职位名称等。同行评估强调对事不对人。

偏差事实一般按重要程度或时间排序，采用两段式描述。

(1) 第一段描述事实。若事实涉及人员访谈时，表达的方式应为“当问及……(问题)时，(职位头衔)说……。”若事实涉及文档查阅时，表达的方式应为“查看……(文档名称)，其中规定(或要求，或记录了)……。”若事实涉及配置核查时，表达的方式应为“通过……(工具或方式)核查……(设备名及配置项)时，其显示结果为……。”

(2) 第二段描述事实可能导致的后果，也就是应表达清楚“这可能导致……”(So What)。

下面是几个例子：

(1) 这使线缆标签很难准确识别，可能导致设备误操作。

(2) 这导致了去年 OA 系统因管理员弱口令而被攻破。

(3) 行业的最佳实践是采用口令、密码技术、生物技术等两种或两种以上组合的鉴别技术对用户进行身份鉴别。

(4) 这可能导致敏感信息的泄露。

(5) 这不符合《网络安全法》关于日志文件备份的要求。

6. 事实描述示例

示例 1：当问及是否制定了公司系统账号口令复杂度、更换周期等规定时，答复说没有制定相关的管理规定，但按照等级保护测评的整改要求进行了操作系统加固，设置了满足复杂度、更换频次等要求的口令。查看《现场生产系统防病毒规定》，其中关于密码和账号管理的规定如下：“口令应至少 8 位，包含大小写、数字、特殊字符，至少每 6 个月更换一次，口令更换 3～5 次内不应重复。”存在管理要求培训和落实不到位的风险。

示例 2：当询问是否建立和执行弱口令检查通报机制时，答复如下：域账号等口令已从技术上进行了限制，不符合强口令规则的口令设置不能通过，但对类似键盘口令类的弱口令，如1QAZ@wsx、123qweASD，或其他符合强口令规则但属于易猜出的弱口令，如单位简称或姓名拼音加@2021等，并没有相应的技术检查手段，比如建立弱口令库比对检查机制。对符合强口令规则但属于典型的弱口令的情况缺乏例行技术检查手段和通报机制，很容易被黑客利用，将直接破坏用户登录第一道安全防线。

示例3：查看当前管理网域控服务器（主域控服务器IP地址为×××，操作系统为Windows Server 2012；辅助域控服务器IP地址为×××，操作系统为Windows Server 2008 R2）。辅助域控服务器的操作系统版本比较低，微软公司已于2020年1月14日停止对它的官方支持。域控服务器版本过低，缺少官方的漏洞补丁更新，使域控服务器存在重大安全风险。

示例4：当询问管理信息大区运维人员移动应用的身份认证方式时，答复如下：已建设证书认证系统，但由于使用不便而未启用，移动应用仍使用用户名加口令认证方式。口令认证方式相对于证书认证方式安全性较低，增加了通过破解移动应用用户口令而被轻易攻入的风险。

示例5：当向某核心系统运维人员询问边界防火墙配置规则时，答复如下：不会查看防火墙控制策略，防火墙、IDS安全设备的日常运维工作主要由厂家到现场实施，日常仅将备份的配置文件存档，接手设备运维后还没有参加过相关的运维或网络安全培训。登录一体化网关设备查看配置，发现策略配置未生效。核心系统运维人员相关技能培训缺失，不利于安全技术防护策略要求的有效执行，不利于安全异常事件或风险的及时发现和处置。

示例6：当问及是否对关键业务系统维护人员开展了网络安全方面的培训时，答复如下：部分人员参加过外部协会组织的相关培训，但内部未开展专门培训。缺少对关键业务系统维护人员网络安全专门培训，培训覆盖面小，会导致从业人员网络安全意识薄弱，专业技术水平提升困难。

示例7：当询问是否建立和执行了内部和外部独立的网络安全专项审计工作机制时，答复说没有。查阅《2020年度管理部门审查报告》，其中未涉及网络安全的有关内容。缺少内部和外部独立的网络安全专项审计工作机制，不利于定期论证和评审体系文件本身的合理性和适应性，不利于及时借鉴外部专业机构和行业的最新标准和实践经验。

示例8：当问及某关键系统维护人员是否了解《网络安全法》的相关要求时，答复说不清楚。当问及是否参加过专门的网络安全培训时，答复说未参加过。查阅管理制度，也未发现关于网络安全培训和宣传贯彻的要求。缺少制度要求，与网络安全相关的培训和宣传贯彻不到位，会造成关键岗位人员安全意识淡薄。

示例 9：通过查看网络拓扑图及询问系统管理员，发现外网中没有专门的日志服务器。通过查看外网态势感知中的日志信息，发现日志中仅存在近两天的相关报警日志。未对分散在各个设备上的审计数据进行收集汇总，且留存时间不符合《网络安全法》的要求。

示例 10：查阅信息外网与信息内网互联拓扑图，发现信息内网拓扑包含信息内网用户区、服务器区（提供广域网应用服务、内网应用服务、私有云服务、安全管理服务）。与网络安全人员确认，信息内网用户区与服务器区之间的网络层未实施访问控制策略，存在来自较高风险区（信息内网区）的终端病毒或恶意代码直接感染服务器区的安全威胁。

示例 11：在核查工控系统工程师站时，工控系统工程师反馈该站仅有一个 Administrator 账户。核查该账户的口令更新策略，是 180 天更新一次。该站有 20 名工程师同时使用，已授权其中一名工程师修改口令，再通过内部邮件发送给其他工程师。口令的明文传输、管理员账户一号多用，存在口令外泄的风险。

示例 12：查阅管理网网络拓扑图，并与网络工程师访谈核实，为某承包商开放了宽带访问服务，整个网段被授权访问互联网且缺乏上网行为审计等审计措施，不利于事故后的审计追溯，也不符合公安部门上网行为合规性监管要求。

5.2.3 编制和修改审定观察报告

1. 编制观察报告

在现场评估期间，评估员白天主要用于开展观察，包括现场观察、文档查阅、人员访谈和配置核查等，还需要参加队会、受评方对口人会议等。因此，观察报告的编写工作一般在当天晚上完成。

观察报告包括 5 个方面：编码、标题、观察范围、观察偏差记录和结论。

（1）编码。由类别 OBS、子领域代码、评估员姓名简拼和流水号组成，例如 OBS-SM1-ZLL-01、OBS-RB2-ZZP-02。一般一份观察报告只针对某一子领域编制。

（2）标题。应给出对观察活动的概要描述，如“就弱口令检查通报机制进行访谈”

“网络安全管理体系建设访谈和文件审查”“查阅网络安全相关管理程序并对信息文档工程师开展访谈”“网络安全专项审计工作机制访谈和文件审查”“管理网网络安全分区和外联网络边界安全防护专项访谈”。

(3) 观察范围。应说明观察对象、观察活动地点和观察的时长。如果有助于说明观察的问题，则列出参与工作的人数和级别，不要写姓名、具体时间、工号等。例如，“就弱口令管理和检查通报机制对相关负责人开展访谈，地点 W302，持续时间 0.5h”“关于××系统等级测评整改落实情况的现场观察，地点管理楼 101，持续时间 1h”。

(4) 观察偏差记录。将所有相对于最佳实践的偏离以实事求是的方式简明易懂地逐条记录下来。一份观察报告应包括针对某个子领域的一组偏差事实，并注意要有事实可能导致的后果。一般要求每条事实与一个特定的评估项(如 SM1d——应形成由安全策略、管理制度、操作规程、记录表单等构成的全面的安全管理制度体系)对应起来。在描述每一事实时，其后面要以括号形式标出其所在的观察报告编码以及对应的评估项代码，如(OBS-SM1-ZLL-01，SM1a)，以便后续进行事实归类和业绩偏差分析。

(5) 结论。以偏差事实为依据提炼出根本性问题。

完成某项观察活动后，如果未能发现任何问题，也就是没有偏差事实，那么在编写观察报告时只在观察偏差记录部分写“无”即可。

在编写观察报告时，应尽可能指出受评方实践的特点和优点，这样既可以帮助受评方管理层了解哪些工作是做得好的，为产生强项提供参考，也可以帮助评估队开展领域小结、强项评审和总体评价。

观察报告示例如图 5-1 所示。

2. 修改审定观察报告

在评估员按上述要求编制观察报告的过程中以及队长批改审定之前，应与受评方对口人进行充分的沟通并确认偏差事实。评估员将观察报告电子文件命名为观察报告的编码，保存在评估员个人评估专用 U 盘中，按照图 4-4 所示的现场评估工作流程，交予评估队秘书、协调员先审查，如果没有问题，报告将被纸质打印或存于评估工作系统中，然后由队长审阅，进行观察报告的审批修订工作，完成每一份观察报告定稿、签字和归档。在这个修改审定的过程中，可能会发现更多更深层次的问题或事项需要澄清，评估员应进一步与受评方对口人、其他评估员或评估队队长等进行沟通，尽可能补充、完善观察报告中的观察结论。每个评估员都应该认识到自己是在为整个评估团队

××（受评方）网络安全同行评估观察报告

<table>
<tr><td>文件名：OBS-SM1-ZLL-01</td><td>日　期：2021-08-24</td></tr>
<tr><td colspan="2">标题：网络安全管理体系建设访谈和文件审查</td></tr>
<tr><td colspan="2">观察范围：
就网络安全管理体系及其执行有效性对相关负责人开展访谈和文件审查，地点是生产楼206，持续时间4h</td></tr>
<tr><td colspan="2">观察记录：
1. 询问网络安全管理体系建设是否遵循信息安全管理体系国际标准ISO 27001（国家标准GB/T 22080—2016），是否开展了信息安全管理体系认证并取证，答复没有，现有体系文件主要是按照工作需要和合规需求逐步建立并根据执行情况补充完善的。未按照国际/国家标准进行体系文件的顶层设计、实施和运行，缺乏与国际水平对接的标准语言，缺乏体现自身网络安全管理能力的国际资质，也可能导致实际执行的体系文件层次不清、内容重复和维护困难。（OBS-SM1-ZLL-01，SM1d）
2. 询问是否建立和执行内部和外部独立的网络安全专项审计工作机制，答复没有。查阅《2020年度管理部门审查报告》，其中未涉及网络安全有关内容。缺少内部和外部独立的网络安全专项审计工作机制，不利于定期论证和评审体系文件本身的合理性和适应性，不利于及时借鉴外部专业机构和行业的最新标准和实践经验。（OBS-SM1-ZLL-01，SM1g）
3. 查阅《工控系统网络安全管理》，其中定义了工控系统网络安全事件分级，作出了保密管理和变更管理要求；查阅《经营管理信息系统网络安全管理》，其中定义了经营管理信息系统网络安全事件分级，未对保密管理和变更管理作出要求；查阅《生产管理信息系统网络安全管理》，其中作出了保密管理要求，未作变更管理要求，也未定义生产管理信息系统网络安全事件分级。网络安全事件分级缺失，为应急响应和处置措施、信息通报等带来不确定风险；保密要求的缺失会导致受控信息泄露，引发网络安全风险；网络安全文件体系设计不妥导致体系文件信息缺失、不统一、内容重复等问题。
（OBS-SM1-ZLL-01，SM1d）
……</td></tr>
<tr><td colspan="2">结论：
……</td></tr>
</table>

图 5-1　观察报告示例

工作，除了完成自身承担的领域评估任务以外，还要积极主动协助、支持和参与其他领域的评估任务，注重各子领域不同偏差事实之间的关联性，通过共同评估发现各子领域和领域层面的业绩偏差。

观察报告跟踪单格式如图 5-2 所示。

5.2.4　编制和完善基本问题描述

1. FOB 的定义

FOB 是对一组偏差事实反映的基本问题的描述。FOB 包括 FOB 主题描述和

观察报告跟踪单

姓名：×××　　　　文件名：OBS-SM1-ZZP-02

题目：×××系统人员访谈和文件审查

意　　见	签　名	日　期
0.　文件登记并存档	协调员或秘书	
1.0 队长第一次批改 ☐ 要修改，详见批改单 ☐ 不需修改（秘书复印此单给评估员以告知，原件存档，执行4.0）	队长/副队长/协调员	
1.1 评估员第一次修改（修改后原批改单返回）	评估员	
2.0 队长第二次批改 ☐ 还要修改，详见批改单 ☐ 不需修改（秘书复印此单给评估员以告知，原件存档，执行4.0）	队长/副队长/协调员	
2.1 评估员第二次修改（修改后原批改单返回）	评估员	
3.0 队长第三次批改 ☐ 还要修改，详见批改单 ☐ 不需修改（秘书复印此单给评估员以告知，原件存档，执行4.0）	队长/副队长/协调员	
3.1 评估员第三次修改（修改后原批改单返回）	评估员	
4.0 报告定稿并存档	协调员或秘书	

图 5-2　观察报告跟踪单格式

FOB 分段描述。用一句话概括地说出问题，即 FOB 主题描述；然后用一段话对问题进行进一步说明，说清问题分别是什么，问题的后果如何，即 FOB 分段描述。

示例 1：

(1) FOB 主题描述：未建立公司级网络安全管理体系。

(2) FOB 分段描述：公司直接执行其母公司网络安全管理体系，未建立公司级网络安全管理体系，缺乏在公司各部门实施落地的针对性；公司网络信息办公室缺少明确的网络安全归口管理部门，未设立网络安全工作组负责公司网络安全工作的具体落实。公司网络安全管理体系未建立，不利于提高员工网络安全意识以及提升公司网络安全管理水平。

示例 2：

(1) FOB 主题描述：公司缺少网络安全意识培训，相关管理要求宣传贯彻不到位。

(2) FOB 分段描述：公司在网络安全培训方面没有全方位覆盖，关键岗位培训大纲中无网络安全培训课程，关键系统维护工程师不清楚公司已发布的网络安全相关管理规定。这将直接影响公司全员网络安全意识、基本技能和专业人员技术能力的提升。

2. FOB 的形成

在现场评估进入中期后，评估员就需要同步开展基于事实的问题分析与提炼工作。在现场评估的全过程中，评估员应该对照领域业绩目标，全面关注、发现、收集和思考与自身负责评估的领域相关的偏差事实，对这些偏差事实按子领域进一步归类分组，从每一类事实中，对照子领域的业绩目标进一步分析提炼业绩偏差，说明基本问题具体是什么，用一段话分类概括发现的基本问题，然后进行扩展思考和研判，说明这类基本问题有多严重，已经产生或潜在可能产生的后果是什么。也就是说，基于子领域的所有事实，自下而上，先分析提炼 FOB 分段描述，然后基于 FOB 分段描述分析提炼 FOB 主题描述。

一般按照图 4-4 所示的现场评估工作流程开展具体分析评估工作。协调员整理全部审定的观察报告，将所有事实分行复制到 Excel 数据表中，然后按领域和子领域进行排序，将排序后的所有事实（清单）返回评估员，由评估员负责对本领域的所有偏差事实进行研读分析，结合观察报告中形成的初步观察结论，分门别类找出受评方应该改进的基本问题，起草并组织研讨 FOB 初稿。评估员可参照类似创新工坊的形式编制 FOB 初稿，采用挑战会的形式进一步完善 FOB。

评估员在开展现场评估时，可参照附录 C 列出的网络安全基本问题描述示例编制 FOB 初稿。例如：云计算基础设施物理位置不当；机房出入口访问控制措施缺失；机房防盗措施缺失；机房防火措施缺失；机房短期备用电力供应措施缺失；机房应急供电措施缺失；网络设备业务处理能力不足；网络区域划分不当；网络边界访问控制设备不可控；重要网络区域边界访问控制措施缺失；关键线路和设备冗余措施缺失；云计算平台等级低于承载业务系统等级；重要数据传输完整性保护措施缺失；重要数据明文传输；敏感数据释放措施失效；违规采集和存储个人信息；违规访问和使用个人信息；违规采购和使用网络安全产品；外包开发代码审计措施缺失；上线前未开展安全测试；云计算平台运维方式不当；运维工具管控措施缺失；等等。

5.2.5 编制审定待改进项

1. 待改进项的定义

待改进项（AFI）是确实存在的问题或某问题带来的实际或潜在的后果。

AFI 必须按照以下原则得出：

(1) 基于事实(来自观察)以及对事实的逻辑分析。

(2) 结论准确、具体，受评方能够从中认识到问题的严重程度。

(3) 让受评方管理层信服，并采取纠正行动以解决这些问题。

因此，应尽力挖掘问题存在的根本原因。对于网络安全同行评估，如果安排一周的现场评估时间，应尽早思考此类问题。例如，从第 3 天开始，就需要初步分析研判待改进项的方向，从发现的问题中进行更深一步的评估和发现，应有足够或充足的偏差事实，同时尽可能为受评方找出问题的根本原因。根本原因清楚了，才能为受评方提出有效的纠正行动建议。由于网络安全同行评估一般安排一周的现场评估时间，要给出问题存在的根本原因和行动建议是很不容易的。因此，评估员除了要以待改进项为基础充分准备评估任务作业指导书以外，还要在现场评估观察期间充分发挥自身从业经验优势，充分与受评方对口人沟通、澄清和确认，利用必要的配置核查和安全测试等评估技术和方法，善于通过队会、挑战会等方式，发挥团队集体智慧，切实提高同行评估工作的质量和有效性。

2. 待改进项的格式

待改进项的格式和编写示例如图 5-3 所示。

待改进项各部分说明如下：

(1) 业绩目标。从同行评估的相应领域或子领域的业绩目标中摘录，不摘录评估准则。业绩目标有多段或者涉及多个相关子领域时，可只摘录与 FOB 对应的一段。

(2) 待改进项：包括 FOB 主题描述和 FOB 分段描述。

(3) 事实依据。列举支撑 FOB 主题描述和分段描述的主要相关事实，按重要性从高到低排序。

(4) 原因分析。说明造成问题的根本原因，并非必须给出。

(5) 建议。尽可能针对上述问题给出建议，并非必须给出。给出建议时，应该强调存在的问题和根本原因，尽量将全队和行业内成功的经验共享给受评方。提供的建议不是要求强制执行的，而是针对受评方网络安全工作的领导和管理层提出的。附录 C 列出的网络安全基本问题描述可供评估员工作时参考。

应列出与待改进项对应的评估领域名称和代码。还应给出待改进项的文件名，格式为：AFI-领域或子领域代码-评估员姓名简拼-流水号，例如 AFI-SM1-ZLL-01。

×××（受评方）网络安全同行评估待改进项

领域：安全策略和管理制度（SM1）	文件名	AFI-SM1-ZLL-01	日期	2021-09-30
业绩目标 依据相关法律法规和业务要求，建立由安全策略、管理制度、操作规程和记录表单等构成的全面的网络安全管理制度体系，定期论证、审定、修订和正式发布，为网络安全工作提供指导、支持和保障。				
待改进项：未参照国际/国家标准构建全面的网络安全管理体系 未参照国际/国家标准进行体系文件的顶层设计、实施和运行，体系文件层次不清、内容重复和维护困难；缺少外部独立的网络安全专项审计工作机制；突发事件处置、网络安全变更和保密管理等需进一步完善。				
事实依据： 1. 询问网络安全管理体系建设是否遵循信息安全管理体系国际标准ISO 27001（国家标准GB/T 22080—2016），是否开展了信息安全管理体系认证并取证，答复没有，现有体系文件主要是按照工作需要和合规需求逐步建立并根据执行情况补充完善的。未按照国际/国家标准进行体系文件的顶层设计、实施和运行，缺乏与国际水平对接的标准语言，缺乏体现自身网络安全管理能力的国际资质，也可能导致实际执行的体系文件层次不清、内容重复和维护困难。（OBS-SM1-ZLL-01，SM1d） 2. 询问是否建立和执行内部和外部独立的网络安全专项审计工作机制，答复没有。查阅《2020年度管理部门审查报告》，其中未涉及网络安全有关内容。缺少内部和外部独立的网络安全专项审计工作机制，不利于定期论证和评审体系文件本身的合理性和适应性，不利于及时借鉴外部专业机构和行业的最新标准和实践经验。（OBS-SM1-ZLL-01，SM1g） 3. 查阅《工控系统网络安全管理》，其中定义了工控系统网络安全事件分级，作出了保密管理和变更管理要求；查阅《经营管理信息系统网络安全管理》，其中定义了经营管理信息系统网络安全事件分级，未对保密管理和变更管理作出要求；查阅《生产管理信息系统网络安全管理》，其中作出了保密管理要求，未作变更管理要求，也未定义生产管理信息系统网络安全事件分级。网络安全事件分级缺失，为应急响应和处置措施、信息通报等带来不确定风险；保密要求的缺失会导致受控信息泄露，引发网络安全风险；网络安全文件体系设计不妥导致体系文件信息缺失、不统一、内容重复等问题。（OBS-SM1-ZLL-01，SM1d）） 4. 查阅《网络安全管理大纲》，发现其网络安全目标缺乏对数据安全保护的要求，网络安全工作理念未体现“网络安全人人有责，网络安全人人尽责”。（OBS-SL1-WAC-01,SL1c） ……				
原因分析： ……				
建议： 1. 参照国际标准ISO 27001（GB/T 22080—2016）信息安全管理体系要求，完善公司网络安全管理体系。 2. 完善突发事件处置、变更和保密管理等环节网络安全程序规范。 3. 进一步加强内部和外部独立的网络安全专项审计。				

图 5-3　待改进项的格式和编写示例

3. 待改进项的修订

待改进项一般要经多次修订，以使其有针对性。这需要进一步观察，以评估和发现引起问题的原因。评估人员应该就待改进项与受评方对口人及其主管进行充分的沟通，如果有足够的事实或充分的根据，评估员应坚持待改进项的内容。一般来说，待改进项报告文件的编制修订过程与图 4-4 所示的现场评估工作流程基本一致。待改进项跟踪单与观察报告跟踪单（图 5-2）格式一致。

5.2.6　编制和审定强项及领域小结

1. 编制和审定强项

1）强项的定义

强项（STR）是指基于受评方的申报以及评估队的观察评估，认为在行业内具有示范推广作用的良好实践。强项是对受评方在网络安全防护领域经实践验证有效的实践总结和成果肯定，经受评方许可，可用于在行业内作为最佳实践进行推广，也可用于在修订相应领域业绩目标与评估准则时参考。

2）强项的内容

与待改进项相对应，强项的主要内容如下：

（1）文件名。格式为 STR-领域或子领域代码-评估员姓名简拼-流水号，例如 STR-MP-ZLL-01。

（2）业绩目标。从同行评估的相应领域或子领域的业绩目标中摘录。

（3）强项领域。概括描述强项，类似 FOB 主题描述。然后进一步分段说明强项的内容，类似 FOB 分段描述。要针对业绩目标将强项展开，应该说明强在何处，有多强，好处是什么。

（4）事实依据。支持强项的事实描述，按重要性从高到低排序。可以将相似事实放在一起，作为一个事实说明。

（5）受评方联系人。姓名和联系方式。

3）强项的形成

一般由受评方按照以上格式要求，起草和准备强项报告。受评方应侧重从先期文件包中提出的受评方良好实践中，结合评估队的强项初步研判意见，具体补充强项事实依据，说明强项的实施条件、解决的问题和取得的实效，然后交由评估队进一步研讨、评估和审定。在现场评估过程中，负责编制强项初稿的领域评估员除了集中精力发现偏差事实以外，同时也要现场观察与强项相关的事实依据，然后通过队内挑战会集体研判审定。

2. 编制和审定领域小结

领域小结就是评估队对受评方在相应评估领域的总体评估意见，是同行评估报告的基本组成部分。领域评估员在对相应领域的强项审查、良好实践、待改进项以及现场观察结论进行综合分析的基础上，负责起草该评估领域的总体评估意见初稿，经过队内挑战会研讨、补充和完善，由队长审核确定。

示例 1：安全管理保障领域评估小结

公司成立了网络安全与信息化委员会，确定了公司网络安全管理总体目标、安全方针和安全策略，按照国家相关法律法规开展了生产控制大区、管理信息大区的网络与信息安全工作，对公司网络安全工作发挥了较好的指导作用。

本次评估也发现：公司未建立公司级的网络安全管理体系，不利于提高员工网络安全意识以及提升公司网络安全管理水平；公司缺少明确的网络安全归口管理部门以及跨部门的网络安全协同工作机制。

本领域产生了×个强项(STR)和×个待改进项(AFI)。

示例 2：安全建设领域评估小结

公司按照网络安全等级保护管理要求和技术标准，规范、专业地开展了网络与信息系统等级保护工作，制定了《信息化项目管理》和《变更改造管理》等程序文件以规范网络安全“三同步”原则的执行，信息化项目在工程实施、测试验收、工程交付等环节管控措施比较规范。

本次评估也发现：公司在新建信息化项目规划设计、信息工程变更改造设计、信息化产品采购等关键环节未设置网络安全审查论证节点，在信息化项目建设中网络安全“三同步”原则的落实存在不足。

本领域产生了×个强项(STR)和×个待改进项(AFI)。

5.2.7 编制和审定同行评估报告

1. 同行评估报告的作用

同行评估报告(Peer Review Report，PRR)是同行评估活动及其评估成果的完整总结报告，是评估方和受评方在有限的评估时间内坦诚协作、专业评估、有效沟通和充分分享同行实践经验的工作过程，是协助受评方全面、深入地发现网络安全管理强项、待改进项及其根本原因并且充分达成共识的工作成果，为受评方制订网络安全管理改进和能力提升行动计划提供具体、翔实和明确的整改输入。

2. 同行评估报告的结构

同行评估报告主要由 4 部分内容组成，其结构如图 5-4 所示。同行评估报告部分如下：

(1) 封面页、编校审批页、目录页。

(2) 项目概况。包括受评方组织和业务概况以及受评方网络安全概况。

(3) 总体评价。包括评估工作概述、评估成果概述、各领域安全工作概述和管理层重点关注建议。

(4) 评估结果。一般按九大领域顺序详细列出以下各项：

① 领域小结。包括领域优点和强项数量(一般 1～3 项)以及领域不足和待改进项数量(一般 5～9 项)。

② 强项。包括对应领域及其业绩目标描述、领域业绩目标强项主题、子领域业绩目标强项分段描述、事实依据和例证。

③ 待改进项。包括对应领域及其业绩目标描述、领域业绩目标偏差(FOB 主题描述)、子领域业绩目标偏差(FOB 分段描述)、事实依据(详列相关支撑事实)、原因分析(可选)和改进建议(可选)。

(5) 致谢页。

(6) 附件。一般包括观察报告清单及详细内容、评估队成员信息表和现场评估重要活动安排表。

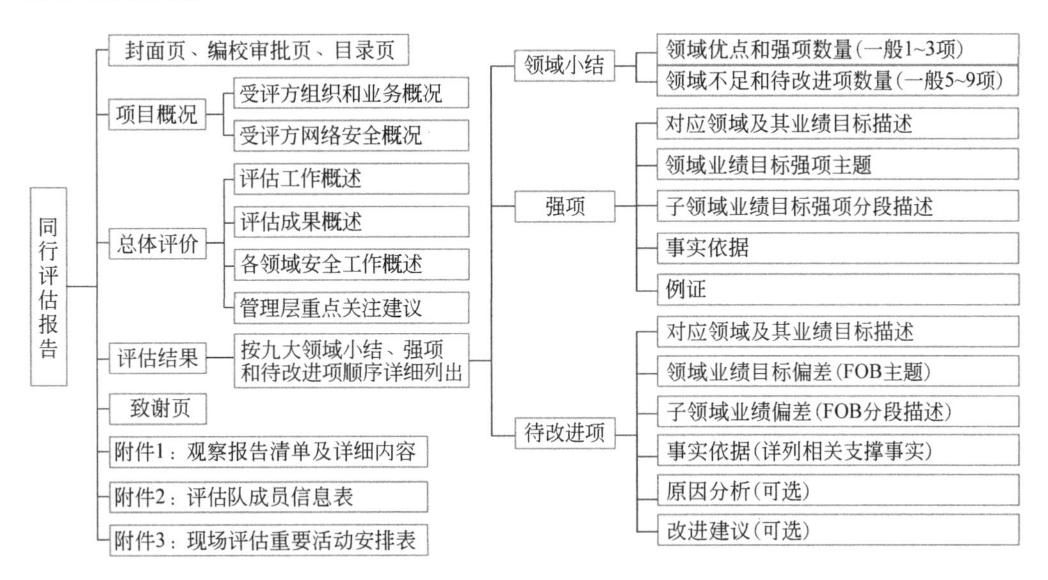

图 5-4　同行评估报告的结构

3. 同行评估报告的审定

同行评估报告作为整个评估工作成果的综合体现，其核心内容是总体评价和各领域评价结果，其基础内容是观察报告清单及详细内容。编制、研讨、修订和审定评估报告，是总结受评方网络和系统整体安全保护能力的综合评估活动，根据现场评估结果和评估领域的业绩目标与准则的相关要求，确定系统的安全保护现状，重点分析评估受评方网络安全管理绩效与业绩目标之间的差距，并分析这些差距导致受评方网络和系统面临的整体性和突出性风险，从而给出总体评估结论和管理改进建议，经过队内挑战会、与受评方共同召开的挑战会和与受评方管理层沟通等过程，由评估队队长最终审定同行评估报告。

第6章

实战化驱动的网络安全同行评估

网络安全的本质是对抗，对抗的本质是攻防两端的能力较量。通过实网实战，以实际运行的网络与信息系统为目标，通过有组织、有监督的攻防对抗或攻击检测，尽可能模拟真实的网络攻击，全面检验网络与信息系统的实际安全性以及运维保障和应急处置的实际有效性，已经成为新形势下人们普遍认同的有效促进网络安全综合防护能力提升的重要方式。

借鉴国际核能领域同行评估体系、标准、方法和成功实践，以总体国家安全观为根本，以贯彻落实《网络安全法》《密码法》《个人信息保护法》和《数据安全法》等法律法规为基本要求，以国家和行业主管部门相关法规条例和指导意见为基本指引，第 2 章集成应用网络安全等级保护基本要求，充分借鉴国内金融、电力等行业在网络安全领域的领先实践，以有效落实"三化六防"网络安全防护措施为基本目标，构建了网络安全同行评估业绩目标与评估准则，明确了网络安全同行评估的工作目标、基本思路和主要任务，介绍了网络安全同行评估的组织、流程、技术和方法。网络安全同行评估作为网络安全管理方式和社会化服务体系的一种创新实践，在技术标准上与网络安全等级保护和关键信息基础设施安全保护实现了动态支撑，在评估方法上与等级测评、监督检查和自查自评等实现优势互补。此外，笔者基于多年来的工作实践认为，网络安全同行评估与实网实战攻防演练等富有实效的网络安全管理方式也需要实现互相融合和前后衔接，才能够更加切实有效地解决实际问题，持续促进和支持网络安全综合防护能力的提升。

6.1 为什么需要实战化驱动

网络安全的本质是对抗，对抗的本质是攻防两端的能力较量。当前，企业和组织在网络安全方面面临许多共性问题，例如，为什么网络安全问题越来越突出、重要和紧迫？为什么要把网络安全纳入生产安全管理？为什么要从设计源头保证网络本体安全？为什么要开展常态化安全防护？为什么要建立和完善体系化保障要求？为什么要打造网络安全人民防线？为什么要提升网络安全领导力？这一系列看似"老生常谈"的问题、一个个显而易见的道理，反复讲，反复强调，但实践证明"讲百遍不如打一遍"。通过实网实战，以实际运行的网络与信息系统为目标，通过有组织、有监督的攻防对抗或攻击检测，尽可能模拟真实的网络攻击，全面检验网络与信息系统的实际安全性、运维保障和应急处置的实际有效性，已经成为新形势下人们普遍认同的有效促进网络安全综合防护能力提升的重要方式。

实战化驱动的网络安全同行评估的基本目的就是把实网实战演练与网络安全同行评估的优势有效地融合互补。对照 4.2 节描述的网络安全同行评估流程，所谓实战化驱动，就是在同行评估的准备工作阶段，由受评方组织开展一次实网实战演练或渗透检测，也就是先行实施场外“实战化评估”，尽可能发现受评方网络本体实际存在的事实漏洞、短板弱项和运维管理缺陷；然后，在评估队主要成员开展现场预访问期间，以攻击发现的这些缺陷和问题为输入，协助受评方进行沙盘推演，分析这些问题可能导致的对受评方业务连续性、核心竞争力、品牌影响力甚至对社会安全和国家安全可能产生的影响或后果，并结合网络安全防护的共性问题，更有效地指导评估队确定现场重点评估的领域、子领域和评估项。这样，当实施现场评估时，就可以更加集中、快速和有针对性地查找网络本体的安全短板、管理缺陷及其产生这些问题的根本原因，支持受评方开展网络安全“震撼”教育，透过现象看本质，聚焦问题共分享，基于事实找原因，着眼打赢谈整改，以支持评估队提出的整改建议获得受评方更多的理解和共识，为受评方有效整改打好基础，更高质量和更富实效地为受评方提供网络安全同行评估服务。

6.2 通过实战化评估发现事实漏洞和缺陷

6.2.1 实战化评估的业绩目标

按照 2.8 节介绍的安全监测防护业绩目标与评估准则，将受评方是否组织开展了实战演练（实战化评估）纳入网络安全同行评估的一个子领域（MP8），其业绩目标是：通过邀请权威可信的网络安全专业机构，组织并管控专业攻击队伍开展全面或专项的实网实战攻击，全面深度发现网络安全弱项、隐患、风险和管理缺陷，为网络安全整改和能力提升提供有针对性的输入。MP8 的评估准则中设计了 3 个评估项，包括：应制订年度实网实战攻防演练工作计划，包括全面的攻防演练，或专项的渗透检测，或攻防沙盘推演（MP8a）；应与负责组织攻击或检测的安全专业机构签订实施合同和保密协议（MP8b）；应开展专项复盘总结，列举问题清单、根本原因和整改建议（MP8c）。该业绩目标设立的初衷是：引导和鼓励受评方在网络安全同行评估之前先行开展专项的实战化评估，尽可能有针对性地发现受评方网络本体安全漏洞、短板弱项和运维管理缺陷。

6.2.2 实战化评估的目的

实战化评估是指国家或行业的授权主管部门或者受评方自身(笔者更加提倡和建议)邀请并授权权威可信的网络安全专业机构,针对受评方自身的网络与信息系统,在限定的攻击范围和攻击时段开展全面或专项的实网实战攻击。实战化评估可以理解为一种背靠背的向前延伸的网络安全同行评估。获得授权的攻击方尽可能模拟真实的网络攻击,针对受评方拥有的各类服务器主机、数据库、网络、应用和终端设备等数字资产以及受评方的员工及其相关人员,同时采取多角度、全方位、混合式、对抗性的网络攻击,通过技术手段或社会工程学攻击等方式,实现系统提权、控制业务、获取数据等渗透目标,尽可能全面地发现受评方网络架构、系统、应用、数据、技术、人员、管理和供应链等方面存在的网络安全漏洞、隐患、短板弱项和薄弱环节,为受评方全面提升网络安全防护能力提供整改输入。

6.2.3 实战化评估的过程和特点

了解和掌握实战化评估的过程和特点,包括了解网络攻击的目的和方式,了解攻击方的心态和思维,了解网络攻击生命周期、不同攻击阶段针对的攻击对象和攻击方式,了解攻击方常用的攻击策略和战术等,其目的是为了站在“以持续打赢为目标”的防守方角度,能够做到“知彼解己”,更有针对性地通过网络安全同行评估有目的、有重点地查找漏洞、短板弱项和薄弱环节以及各类管理缺陷,从而尽可能以最合适的投入有针对性地持续提升网络安全防护能力,支持做好常态化网络安全防护工作。

1. 攻击方的思维方式

网络攻击是以数字系统为目标,利用数字系统本体漏洞、人为因素或管理缺陷,针对特定组织的一种恶意攻击行为,其预期的影响或后果就是扭曲或篡改信息、中断服务、毁坏设备或工作流程、泄露信息或发现信息。真实的网络攻击是由人(黑客)策划和执行的。因此,要提升网络安全防护能力,应该首先了解黑客的特点和思维方式,了解黑客的攻击策略、途径、方式和手段等,以便有针对性地查找防护短板弱项和制定有效的防护措施。一般来看,黑客具有高智商、好奇心强、喜欢抽象思维、不畏挑战等人格特征,可以吸收、保留和参考大量信息,善用这些信息处理其面临的挑战性问题,倾向于对可提供大脑刺激的任何主体领域感兴趣，容易被最困难的挑战所激励。几个黑客、一群黑客或黑客团队都能够形成具有较强攻击力的攻击方。在实网实战演习中，通常是3人一组，组成一个集谋划、组织、情报、技术和武器研制于一体、具备综合型攻击能力的战斗小组（以下统称为攻击方）。攻击方的成员特点和团队运作模式其实就具有典型的黑客特点和思维方式。

2. 网络攻击生命周期

攻击方一般按照网络攻击生命周期综合性地循环策划和灵活组织每一次网络攻击活动。攻击者依赖于在初始阶段对预期目标准确的侦查以及系统最脆弱部分的标识，设计最有效的攻击方式。参考 Palo Alto 网络公司的定义，网络攻击生命周期通常用攻击链模型来表达，如图6-1所示。该模型描述了攻击方（黑客）通过投送网络攻击武器并实现持续控制和攻击行为以达成其攻击目标。网络攻击生命周期包括7个步骤：侦查追踪、武器构建、载荷投递、漏洞利用、安装植入、持续控制和达成目标。

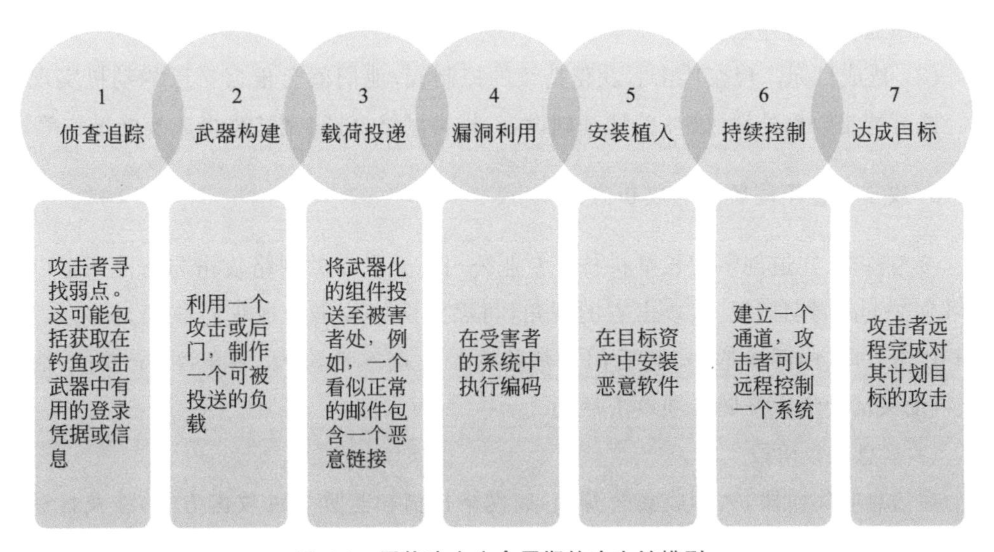

图6-1　网络攻击生命周期的攻击链模型

(1) 侦查追踪。在网络攻击生命周期的第一阶段，攻击方会仔细规划攻击方法。他们研究、确定和选择能够实现他们攻击目的的具体目标。攻击者通过公开来源收集情报，并扫描在目标网络、服务和应用程序中可利用的漏洞，找出可利用的区域。攻击者从人和系统的角度寻找弱点。

(2) 武器构建。攻击者确定要使用哪些方法投送什么样的恶意负载。有些方法可能使用自动化工具,例如利用漏洞工具包、使用恶意链接进行网络钓鱼攻击或使用带有恶意软件的附件。

(3) 载荷投递。攻击者将武器化的组件投递到目标的具体位置。例如,一个看似正常的邮件中包含一个恶意链接,攻击者将其发送给目标系统的某类或某个特定的用户。

(4) 漏洞利用。攻击者针对易受攻击的应用程序或系统部署攻击,通常使用攻击工具包或武器化文档,这允许攻击者获得进入一个组织机构的初始入口点。

(5) 安装植入。一旦攻击者建立了最初的立足点,他们就安装恶意软件以执行进一步的操作,例如保持访问、持续存在和提升权限。

(6) 持续控制。在恶意软件被安装之后,攻击者现在拥有连接的两方:一方是他们自己的恶意基础设施,另一方是受感染的设备。他们现在可以主动地控制系统,指示下一阶段的攻击。攻击者将建立一个指挥通道,在受感染的设备和自己的基础设施之间来回通信和传递数据。

(7) 达成目标。现在攻击者获得持续的控制权,他们就会根据自己的动机实现目标。这可能是数据外泄、破坏关键基础设施、损害网络资产、制造恐惧或实施敲诈等。

3. 攻击方在不同阶段的攻击方式

参考科来、知道创宇和长亭科技等专业公司公开发布的网络攻击与防范图谱以及网络攻击生命周期模型,从攻击方的视角,可以将网络攻击分成信息收集、网络入侵、提升攻击权限、内网渗透、安装后门和清除入侵痕迹 6 个阶段,多角度、全方位、混合式、机动灵活地组织开展各项攻击活动。

1) 信息收集阶段

在信息收集阶段,采用收集公开信息、网络扫描和监听 3 种攻击方式,涉及目标系统的组织架构、数字资产、敏感信息、供应商信息等。组织架构包括单位组织层次、部门划分、人员信息、工作职能、下属单位等;数字资产包括域名信息、IP 地址、C 段、开放端口和入口点、运行中的服务器和终端设备及服务、Web 中间件、Web 应用、移动应用、网络架构等;敏感信息包括泄露的代码、文档信息、邮箱信息、历史漏洞信息等;供应商信息包括合同、系统、软件、硬件、代码、服务和人员等相关信息。常用扫描工具有 Nmap、X-Scan、SuperScan、Shadow Security Scanner、MS 06040 Scanner、ShoDan 等。

2）网络入侵阶段

网络入侵阶段包括口令攻击、漏洞利用攻击、欺骗攻击、劫持攻击、拒绝服务攻击和高级攻击6种攻击方式。网络入侵的目的是先撕开一个口子，从外网系统获取某些控制权限，然后寻找到和内网连接的通道，逐步纵向深入渗透，找到接入内网的据点，并形成从外网到内网的跳板，成为实施内网渗透攻击的坚实据点。

（1）口令攻击。有以下3种方法：

① 利用弱口令。容易被别人猜测到或被破解工具破解的口令均为弱口令。

② 暴力破解。攻击者对收集的信息进行判断，以获取目标网络中的用户名、开放服务、操作系统类型等关键信息，实施穷举口令方式攻击。

③ 社会工程学。以交谈、欺骗、假冒等方式从合法用户那里套取口令。

（2）漏洞利用攻击。有以下5种方法：

① 操作系统漏洞利用攻击。利用操作系统本身存在的问题或技术缺陷实施攻击，如利用Windows、Linux、AIX、HP-UX、Solaris、BSD、macOS、Android、iOS等操作系统的漏洞进行攻击。

② 协议漏洞利用攻击。利用网络协议本身的缺陷进行攻击。

③ 服务漏洞利用攻击。利用某个服务寻找缺陷或漏洞（如CGI漏洞、缓冲区溢出、SQL注入、CSRF漏洞、XML漏洞、未受保护的API等）进行攻击。

④ 应用程序漏洞利用攻击。利用各类应用程序（如Flash、Adobe Acrobat Reader、Office软件）存在的问题或技术缺陷实施攻击。

⑤ 配置不当利用攻击。包括使用默认配置、未关闭多余端口、使用临时端口等。

（3）欺骗攻击。有以下3种方法：

① 电子邮件欺骗。伪造电子邮件头，导致信息看起来来源于某个人或某个地方，而实际上并不是真实的源地址，目的是盗取用户账号、密码或感染木马病毒。

② IP地址欺骗。伪装成其他计算机的IP地址，获得信息或特权。

③ Web欺骗。伪装为合法网页，在网页上提供虚假信息，实施网络攻击。

（4）劫持攻击。有以下3种方法：

① 域名劫持。攻击者使一个域名指向一个由攻击者控制的服务器。

② 会话劫持。在共享网段中A站点和B站点的正常通信被攻击者C截获后，C冒充B与A进行会话，获取A的信任或敏感信息。

③ 包劫持。攻击者通过包截取工具获得用户账户、密码等敏感信息。

（5）拒绝服务攻击。有以下两种方法：

① 计算资源消耗。使目标服务器响应大量非法和无用连接请求，耗尽服务器资源，致使服务器对正常请求无法及时响应，造成服务中断。

② 网络带宽消耗。通过发送大量有用或无用的数据包，占用全部带宽，使合法的用户请求无法通过链路抵达服务器，服务器对合法请求的响应也无法返回给用户，形成服务中断。

（6）高级攻击。有以下两种方法：

① 后门程序。系统提供商预留在系统中，供特殊使用者通过某种特殊方式控制系统的途径。

② 高级持续性攻击（APT）。为了商业或政治利益，针对特定实体（如组织、国家等）进行一系列秘密和连续攻击的过程。“高级”指攻击方法先进、复杂；“持续”指攻击者连续监控目标对象，并从目标对象不断提取敏感信息。

3）提升攻击权限阶段

通常而言，恶意攻击者侵入某个系统，最初往往只能获取普通账户的权限。这无疑给进一步渗透带来了阻碍，因此攻击者会开始尝试通过各种手段提升自己的账户权限，称为提权。一旦提权成功，攻击者就可以将目标转移至其他基础架构等关键数字资产，以便进一步查找和破坏更有价值的网络系统或敏感信息。

4）内网渗透阶段

内网渗透阶段的攻击手段有内网反弹、域渗透、主机渗透。内网反弹包括端口反弹、Socket 反弹、开 Web 代理、开 VPN 等；域渗透包括对域控制器的攻击和监视，以及通过域集成 DNS 获取域内主机列表；主机渗透包括管理主机渗透、交换机渗透、路由器渗透等。通过在内网继续扩大收集信息，如当前计算机的网络连接、进程列表、命令执行历史记录、数据库信息、当前用户信息、管理员登录信息、密码规律、补丁更新频率等信息，进一步刺探获取内网其他计算机或服务器的 IP 地址、主机名、开放端口、开放服务、开放应用等信息，尤其是域控服务器、邮件服务器、OA 系统、版本控制服务器、集中运维管理平台、统一认证系统等与集权类系统相关的管理员账号和口令等信息，从而继续快速横向渗透，实现对目标系统或数据的完全控制。

5）安装后门阶段

后门包括系统后门与网页后门。系统后门包括驱动隐藏文件、Windows 粘滞键后门等。网页后门主要是 Web Shell，即以 ASP、PHP、JSP 或者 CGI 等网页文件形式存在的一种命令执行环境。

6）清除入侵痕迹阶段

Windows/Linux痕迹清除包括清除IIS日志、清除应用程序日志、清除安全日志、清除系统日志、清除历史记录及清除运行日志等，不记录SSH操作。

6.2.4 攻击方常用策略和战术

参考奇安信、青腾云、腾讯、默安科技和阿里云等网络安全专业团队相关经验总结和公开介绍资料，可以将攻击方经常采用的策略和战术分为9种，包括利用弱口令以及通用口令、利用互联网边界渗透内网、利用通用产品组件漏洞、利用安全产品0Day漏洞、利用人性弱点社工钓鱼、利用供应链隐秘攻击、利用下属单位迂回攻击、绕过防护设备秘密渗透攻击和多点潜伏多个据点渗透攻击。

1. 利用弱口令以及通用口令

弱口令、默认口令、通用口令和已泄露口令通常是攻击方关注的重点。在实际攻击中，通过弱口令获得权限的情况占90%以上。

很多人用类似zhangsan、lishi001、wangermazi123、wanglaowu888或其简单变形以及123456、888888、生日、身份证后6位、手机号后6位等作为口令。攻击者通过信息收集，生成简单的密码字典进行枚举即可攻陷邮箱、OA等账号。

还有很多人喜欢在多个不同网站上设置同一个口令，其口令早已经被泄露并录入黑色产业交易的社工库（社会工程学数据库）中；或者针对未启用SSO（Single Sign On，单点登录）验证的内网业务系统，习惯使用同一套账号/口令。这导致攻击者从某一途径获取了其账号/口令后，通过凭证复用的方式可以轻而易举地登录到此人使用的其他业务系统中，为打开新的攻击面提供了方便。

很多通用系统在安装后会设置默认管理口令，然而有些管理员从来没有修改过口令，如admin/admin、test/123456、admin/admin888等账号/口令广泛存在于内外网系统后台。攻击者一旦进入后台系统，便有很大可能性获得服务器控制权限。还有很多管理员为了管理方便，用同一套账号密码管理不同服务器。当一台服务器被攻陷并且密码被窃取后，就可以扩展至多台服务器甚至造成域控制器沦陷。

2. 利用互联网边界渗透内网

大部分受评方都会有开放于互联网边界的设备或系统，如 VPN 系统、虚拟化桌面系统、邮件服务系统、官方网站等。正是由于这些设备或系统可以从互联网一侧直接访问，因此也往往会成为攻击方首先尝试的突破边界的切入点。

此类设备或系统通常都会访问内网的重要业务，为了避免影响用户使用，很多受评方都没有在其传输通道上增加更多的防护手段；再加上此类设备或系统多会集成统一单点登录，一旦获得了某个用户的账号/口令，就可以通过这些设备或系统突破边界直接攻入内网中。

例如，开放在内网边界的邮件服务如果缺乏审计，也未采用多因子认证，用户平时又经常通过邮件传送大量内网的敏感信息，如服务器账号/口令、重点人员通讯录等。那么，当攻击者掌握相关用户的邮箱账号/口令后，利用从邮件中获得的信息，会给下一步攻击提供很多方便。

3. 利用通用产品组件漏洞

信息化应用和数字化转型提高了工作效率，但其存在的安全漏洞也是攻击方喜欢利用的。攻击方经常利用的通用产品漏洞包括邮件系统漏洞、OA 系统漏洞、中间件软件漏洞、数据库漏洞等。这些漏洞被利用后，可以使攻击方快速获取大量账户权限，进而轻易控制目标系统。而作为防守方，往往很难发现漏洞被利用，相关活动常常被当作正常业务访问而被忽略。

4. 利用安全产品 0Day 漏洞

安全产品的 0Day 漏洞往往成为攻击方的攻击利器。安全产品也是一行行代码构成，也是由操作系统、数据库、各类组件等组合而成的产品。攻击方比较容易发现和利用的各类安全产品 0Day 漏洞，主要涉及安全网关、身份与访问管理、安全管理、终端安全等类型的安全产品。这些安全产品的 0Day 漏洞一旦被利用，可以使攻击方突破网络边界，获取控制权限，进入网络，获取用户账户信息，并快速获取相关设备和网络的控制权限。

5. 利用人性弱点社工钓鱼

利用人的安全意识不足或安全能力不足，实施社会工程学（简称社工）攻击，通过钓鱼邮件或社交平台进行诱骗，是攻击方经常使用的社工手法。在很多情况下，人要比系统更容易突破。

钓鱼邮件是最经常被使用的攻击手法之一。攻击方常常会首先通过社工钓鱼或漏洞利用等手段盗取某些安全意识不强的用户邮箱账号；再通过盗取的邮箱账号向该单位的其他用户或系统管理员发送钓鱼邮件，骗取账号/口令或投放木马程序。由于钓鱼邮件来自内部邮箱账号，"可信度"极高，所以，即便是安全意识较强的IT人员或系统管理员，也很容易被诱骗点击邮件中的钓鱼链接或打开木马附件，进而导致关键终端被控，甚至整个网络沦陷。

冒充客户进行虚假投诉也是一种常用的社工手法，攻击方会利用单人或多人配合的方式，通过在线客服平台、社交软件平台等向客服人员进行虚假的问题反馈或投诉，设局诱使或迫使客服人员接收经过精心设计的带毒文件或压缩包。一旦客服人员的心理防线被突破，打开了带毒文件或压缩包，客服人员的计算机就会成为攻击者进入内网的一个"立足点"。

除了客服人员外，很多非技术类岗位的工作人员也都很容易成为社工攻击的外围目标。例如，给法务人员发律师函，给人力资源人员发简历，给销售人员发采购需求，和大楼保安或前台接待人员"套近乎"等，都是比较常用的社工攻击手法，而且往往百试百灵。

6. 利用供应链隐秘攻击

供应链攻击是迂回攻击的典型方式。攻击方会从IT设备及软件服务商、安全服务商、办公及生产服务商等供应链机构入手，寻找设备、软件及系统漏洞，发现人员及管理薄弱点并实施攻击。常见的系统突破口包括邮件系统、OA系统、安全设备、社交软件等，常见的突破方式包括利用软件漏洞、管理员弱口令等的攻击。

利用供应链攻击，可以实现第三方软件系统的恶意更新、第三方服务后台的秘密操控以及物理边界的防御突破(如受控的供应商驻场人员设备被接入内网)等多种复杂的攻击目标。

7. 利用下属单位迂回攻击

通常受评方总部的系统防守会较为严密，攻击方有时很难正面突破，很难直接撬开进入内网的大门。此时，尝试绕过正面防御，先攻破防守相对薄弱的下属单位，再迂回攻入总部的目标系统，就是一种迂回攻击策略。

绝大多数受评方下属机构之间的内部网络以及下属机构与总部或外部合作单位等之间的内部网络往往未进行有效隔离，习惯于使用单独架设的一条专用网络打通各地区之间的内网连接，同时又普遍忽视不同区域内网之间必要的隔离管控措施，或者网络访问控制策略形同虚设。这就导致攻击方一旦突破了某个下属单位或外部合作单位的防线，便可以通过内网进行横向渗透，直接攻击受评方总部，或者漫游整个受评方内网，进而攻击任意系统。

8. 绕过防护设备秘密渗透攻击

攻击方一般不会大规模使用漏洞扫描器，因为扫描活动特征明显，很容易暴露自己。例如，目前主流的 WAF、IPS 等防护设备都有识别漏洞扫描器的能力，一旦发现漏洞扫描器后，可能第一时间触发报警或阻断 IP。因此，信息收集和情报刺探是攻击方工作的基础。在数据积累的基础上，有针对性地寻找与特定系统、特定平台、特定应用、特定版本对应的漏洞，编写可以绕过防护设备的 EXP(即漏洞利用程序 Exploit)实施攻击操作，可以达到隐秘攻击、一击即中的目的。

如果目标系统的防御纵深不够，或使用的安全设备能力不足，当面对这种针对性攻击时，往往就很难及时发现和阻止攻击行为。常常在攻击方获取了目标资料和数据后，被攻击单位尚未感知到入侵行为。很多防守方的安全人员本身技术能力比较薄弱，无法实现对攻击行为的发现、识别，无法给出有效的攻击阻断、漏洞溯源及系统修复策略，在攻击发生后的很长一段时间内，可能都不会对攻击方的隐秘攻击采取有效的应对措施。

9. 多点潜伏渗透攻击

攻击方在攻击时，通常不会仅仅在一个据点上开展渗透工作，而是会采取不同的 WebShell、使用不同的后门程序、利用不同的协议建立不同特征的据点。

事实上，大部分应急响应过程并没有溯源到攻击源头，也未必能分析完整攻击路径。在防护设备告警时，往往只处理了告警设备中对应告警 IP 地址的服务器，而忽略了对攻击链的梳理，从而未能将攻击方排除在内网之外。而攻击方则可以通过多个潜伏据点快速地“死灰复燃”。

有时防守方人员专业水平不高，安全意识不足，还有可能在攻击方的“伏击”下暴露更多敏感信息。例如，在针对 Windows 服务器应急运维的过程中，有的防守方人员会直接将自己的磁盘通过远程桌面共享挂载到告警的服务器上。这样做反而可以给潜伏的攻击方进一步扩大攻击面的机会。

6.2.5　实战化评估发现事实漏洞和缺陷

近几年来，业界通过实战化评估，比较充分、全面地发现和总结了网络安全整体防护中存在的许多突出和共性问题。结合 3.6.2 节提出的安全管理四要素思考框架，将这些典型和共性问题简要列举如下：

(1) 外网和内网之间缺乏分区分域隔离(物的不安全状态→管理缺陷)。

(2) 0Day 漏洞防范能力急需加强(管理缺陷→物的不安全状态＋环境的不安全因素)。

(3) 老旧漏洞不修补、弱口令等低级问题大量存在(管理缺陷→物的不安全状态)。

(4) 重要数据存储不规范(物的不安全状态＋人的不安全行为→管理缺陷)。

(5) 互联网暴露点过多(物的不安全状态→管理缺陷)。

(6) 集权系统防护薄弱(管理缺陷→物的不安全状态＋人的不安全行为)。

(7) 应用、网络、系统和数据访问控制不健全(物的不安全状态＋人的不安全行为→管理缺陷)。

(8) 有组织、有目的、有敌意、有针对性的 APT 攻击增多(环境的不安全因素)。

(9) 大量采用技术外包带来的第三方人员和产品质量风险(人的不安全行为＋物的不安全状态→管理缺陷)。

(10) 供应链成为防护弱点，网络安全审查和三同步措施落实不到位(环境的不安全因素＋物的不安全状态→管理缺陷)。

这些典型和共性问题以及通过实战化评估发现的受评方实际存在的具体问题，可以作为实战化驱动网络安全同行评估的重要输入，可以有力支持网络安全评估队更有针对性地做好现场评估重点任务的选择和各项评估任务的统筹安排，可以使评估队集中精力，结合受评方的具体情况，聚焦问题的根本原因分析和整改建议的探究，也可以支持受评方管理和领导层切身认识和感受到自身存在的问题和风险，运用比较熟悉的传统安全管理四要素思考框架，抓准关键问题、短板弱项和管理缺陷，分类分层落实整改责任和各项整改任务。

6.3 从实战化看同行评估重点任务和评估要点

按照第 3 章提出的网络安全同行评估任务设计要点，尤其是 3.5 节提出的同行评估 14 大类典型任务以及评估任务作业指导书编制要点，综合实战化评估中攻击方常用策略和战术，以及实战化评估发现的事实漏洞和缺陷，可以进一步有效完善和确定同行评估过程中应关注的重点问题、关键产品和防护方法。

6.3.1 从实战化看同行评估的重点问题

评估队在研究受评方先期文件包时，以受评方网络总体架构为基础，结合当前在网络安全防护中发现的共性和突出问题，与受评方一起，通过由外而内对这些共性问题的逐一简要讨论和大致研判，可以初步识别出受评方总体上可能存在哪些网络安全风险、这些风险在哪、风险的大小以及风险发生的可能性，从而能够勾勒出受评方网络安全风险图谱。然后，基于这些风险研判成果，按照 3.5 节所述的 14 大类典型评估任务的划分，指导各评估员进一步确定高风险评估项，完善现场评估任务作业指导书，并在同行评估现场实施过程中动态地做好评估任务的总体统筹和合理安排，着力查找关键短板弱项及其根本原因。

图 6-2 是网络安全攻防对抗常见策略和战术。从有效应对外部常见网络攻击方式的视角，下面从外到内列出了在同行评估过程中应关注的重点问题（简称安全评估 30 问）。

（1）是否组织开展过实战化评估（网络渗透测试或实网实战演练）？发现了哪些问题？

（2）为网络安全等级测评做了哪些工作？是否有定级备案系统清单？发现了哪些问题？

（3）对互联网上的自有资产情况是否掌握？是否定期摸排识别并即时排除处置风险？

（4）基于互联网是否建立了自用的开发或测试环境？

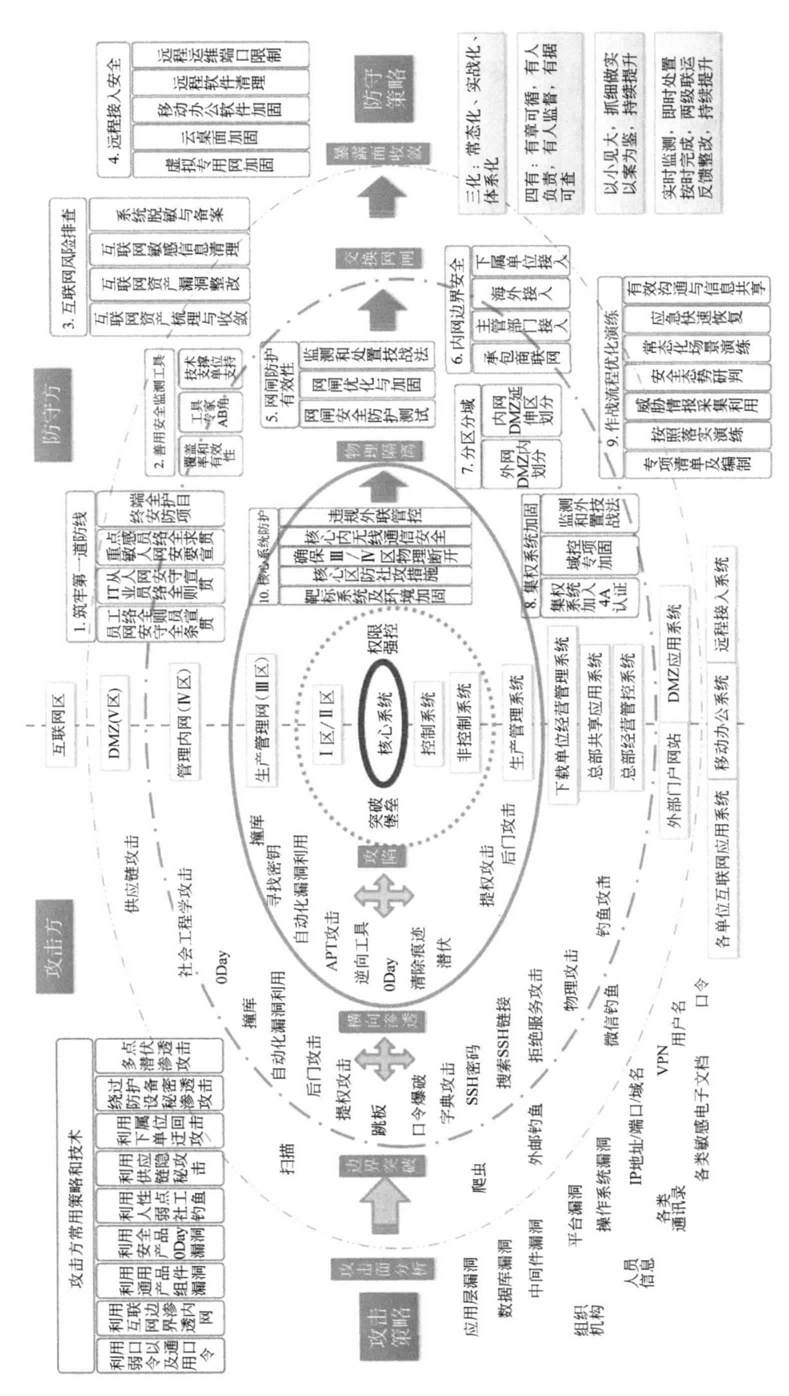

图6-2　网络安全攻防对抗常见策略和战术

(5) 是否建立并执行了互联网上敏感信息的定期排查清理工作机制？效果如何？

(6) 对移动应用的用户和移动终端的登录身份验证机制是什么？相关用户清单及其权限管控是如何开展的？

(7) 有多少互联网出口？每个互联网出口的防护技术和管理措施有哪些？

(8) DMZ 部署了哪些系统以及有哪些防护措施？

(9) 受评方网络的纵深防御体系架构是如何设计的？从外网到内网是否采取了技术隔离措施？

(10) 从外网到内网的技术隔离措施是什么？隔离设备安全策略、变更运维以及供应商支持服务是否规范到位？

(11) 关键网络安全设备(0Day)漏洞情报和协同处置工作机制是否完善？

(12) 从外网到内网存在哪些远程连接以及远程运维？安全控制策略和措施是什么？

(13) 有哪些无线 WiFi 系统？其安全控制策略和安全使用控制措施有哪些？

(14) 内网是否实施了分区分域管理和控制？关键节点设备网络访问控制策略如何设置？变更及其巡检工作如何开展？

(15) 域控等集权类系统如何设计的？这些系统本体安全控制措施以及日常安全运维控制措施有哪些？

(16) 重要应用系统和集权类系统是否采取了实时监测技术措施？

(17) 是否建立了具有实时集中监测和审计分析等功能的技术和管理手段？

(18) 漏洞、补丁、病毒查杀等升级管控机制是否建立并有效执行？

(19) 用户弱口令技术控制和管理控制措施有哪些？

(20) 是否建立了防范社工钓鱼等常态化检查措施或实战演练工作机制？

(21) 非许可软件安装的监测、通报和跟踪处置手段是否已建立并得到有效执行？

(22) 外包商和外包人员安全管理措施有哪些？

(23) 是否采取了对 U 盘等电子存储介质使用的控制措施？

(24) 数据存储和备份的安全措施执行有效性如何？

(25) 是否依据风险分析结果分类建立了关键网络和信息系统的应急演练行动方案并按计划开展了应急演练？

(26) 是否建立并执行了 24 小时常态化安全监测和应急处置值班值守工作体系？

(27) 是否明确发布了一般 IT 用户和 IT 专业人员必须遵守的网络安全基线要求

并全面宣传贯彻和持续开展了有效性检查？

(28) 关键网络安全产品采购、验收和使用是否符合国家或行业有关规定(销售许可证、授权专业机构测评合格证书等)？

(29) 对互联网侧或重要的软件源代码是否进行了后门和隐蔽信道等安全排查？变更过程是否受控？

(30) 新建或改造项目是否同步规划、同步建设和同步使用网络安全控制措施？

6.3.2　从实战化看网络安全防护的关键产品

按照 6.2.3 节描述的攻击方在不同阶段的攻击方式，从实战化的角度看，同行评估过程中应特别关注以下 7 类网络安全防护关键产品的部署、运行、维护、变更控制和自身安全防护情况，将其纳入相应的评估任务作业指导书。

(1) 边界防御产品，包括防火墙、下一代防火墙、抗 DDoS 设备、入侵检测系统、入侵防御系统、Web 应用防火墙、Web 漏洞扫描工具、网页防篡改工具。

(2) 网络分析产品，包括网络全流量分析产品、网络回溯分析产品、大数据安全分析产品。

(3) 文件检测产品，包括终端安全检测产品，防病毒网关、终端防病毒软件、抗 APT(沙箱)产品(EDR)。

(4) 日志检测产品，包括 SOC/SIEM 产品。

(5) 身份管理产品，包括单点登录、双因素认证、数字证书、CDN。

(6) 加密产品，包括 SSL 加密网关、VPN、加密机。

(7) 服务类产品，包括威胁情报服务、网站安全检测服务、渗透测试服务、漏洞扫描服务、云端抗 DDoS 服务、云 WAF 服务、主机安全加固、源代码审计、补丁管理、上网行为管理以及网络分析认证培训等。

6.3.3　从实战化看网络安全防护的基本方法

在同行评估任务作业指导书编制、完善和实施过程中，应始终从应对实战化挑战的角度，基于持续打赢的防护能力建设要求，带着 6.3.1 节列出的 30 个重点问题，针对 6.3.2 节列出的 7 类网络安全防护关键产品的使用情况，评估检查以下网络安全防护基本方法落实的有效性。

(1) 安全策略限制。在网络边界限制非法的IP地址访问,限制服务和端口扫描行为,并定期核查安全策略,确保安全策略的有效性。

(2) 网络全流量分析和回溯分析。使用网络全流量分析发现和识别异常网络行为,使用回溯分析评估新型网络攻击造成的影响。

(3) 身份认证。采用数字证书登录、双因素认证策略、统一身份认证方式,限制非法请求等暴力攻击。

(4) 隐藏信息。在域名注册商处设置隐藏域名Whois信息服务,使用CDN技术隐藏真实源IP地址。

(5) 终端检测。利用动态沙箱检测技术、终端检测技术、病毒查杀等手段提升终端安全防御能力。

(6) 网络边界防御。使用防火墙、WAF、IDS、IPS等传统防御产品加固网络边界,并及时更新规则库。

(7) 漏洞扫描。使用漏洞扫描产品或服务定期对所有操作系统进行漏洞扫描,及时修复漏洞。

(8) 流量加密通信。使用SSL、VPN、专线或者IPSec VPN等方式进行加密通信。

(9) 网络安全培训。加强员工网络安全培训,使用强口令,并定期更换密钥。全员提高警惕,应对网络欺诈攻击,防止泄密。

(10) 网络安全评估。邀请权威可信的第三方网络安全专业机构组织开展网络安全专项评估。

6.4 同行评估时应关注的实战化防守策略

基于6.2节介绍的攻击方在不同阶段的攻击方式以及攻击方经常采用的攻击策略和战术,可以发现:攻击方一般会在前期搜集情报,寻找突破口,建立突破据点;在中期横向移动打内网,尽可能多地控制服务器或直接打击目标系统;在后期会删日志、清工具、写后门、建立持久控制权限。针对攻击方的这些常用套路,从防守角度看,有效应对攻击的防守策略可总结归纳为12个方面,包括收缩战线、纵深防御、核心防护、协同作战、主动防御、应急处突、溯源反制、动态防御、精准防御、联防联控、整体防御和常态化防护。在开展同行评估的全过程中，无论是评估队还是受评方所有对口人，都应该把这些实战化防守策略落实情况融入相应的评估任务作业指导书，始终聚焦于受评方整体安全防护能力的评估。

6.4.1　收缩战线评估

攻击方首先会通过各种渠道收集目标单位的各种信息，收集的情报越详细，攻击就越隐蔽、越快速。此外，攻击方往往不会正面攻击防护较好的系统，而是找一些可能连受评方自己都不知道的薄弱环节下手。这就要求受评方一定要充分了解自己暴露在互联网上的系统、端口、后台管理系统、与外单位互联的网络路径等信息。哪方面考虑不到位，哪方面往往就会成为被攻陷的突破口。受评方的系统在互联网中的暴露面越大，越容易被攻击方"声东击西"，最终导致受评方顾此失彼，眼看着被攻击却无能为力。因此，在进行同行评估时，建议从如下几方面评估受评方互联网暴露面情况，尽全力收缩战线。

1. 评估敏感信息暴露面

攻击方会采用互联网资产发现工具、社会工程学等多种技术或非技术手段，对目标单位可能暴露在互联网上的敏感信息进行搜集，为后期攻击做充分准备。受评方除了定期对全员进行安全意识培训，不准将带有敏感信息的文件上传至公共信息平台以外，针对"漏网之鱼"还可以定期开展敏感信息泄露搜索排查，及时发现在互联网上已暴露的本单位敏感信息，提前采取应对措施，降低本单位敏感信息暴露的风险，增加攻击方搜集敏感信息的时间成本，提高攻击方组织攻击的难度。

2. 评估攻击路径控制措施

知晓攻击方有可能从哪些地方发起攻击，对受评方部署防护措施起关键作用。由于受评方的网络不断变化，系统不断增加，往往会增加新的系统和产生新的网络边界。受评方一定要定期梳理自己的网络边界和可能被攻击的路径，尽可能梳理出每个业务系统的网络访问路径，包括对互联网开放的系统、内部访问系统（含测试系统），尤其是内部系统全国联网单位更要注重此项梳理工作。

3. 评估互联网攻击面

一些系统维护者为了方便，往往会把维护的后台、测试系统和高危端口私自开放在互联网上，在方便维护的同时也方便了攻击方。攻击方最喜欢攻击的 Web 服务就是网站后台以及安全状况比较差的测试系统。受评方可通过互联网资产发现服务对本单位开放在互联网上的管理后台、测试系统、无人维护的僵尸系统（含域名）、拟下线但尚未下线的系统、高危服务端口、未纳入防护范围的互联网开放系统以及其他重要资产信息（中间件、数据库等）进行发现和梳理，提前进行整改处理，不断收敛互联网侧攻击面。

4. 评估外部接入网络控制

如果正面攻击不成功，攻击方往往会选择攻击供应商、下级单位、业务合作单位等与受评方有业务联系的其他单位，通过这些单位迂回攻击受评方目标系统内网。受评方应对这些外部的接入网络进行梳理，尤其是未经过安全防护设备就直接接入本单位内网的其他单位，应先连接防护设备，再接入本单位内网。受评方还应建立本单位内网与其他单位对接的联络沟通机制，当发现来自其他单位的异常网络行为时，能及时将情况反馈到其他单位，协同排查，尽快查明原因，以便后续协同处置。

5. 评估隐蔽入口控制措施

由于 API 接口、VPN、WiFi 等入口往往会被安全人员忽略，使这些入口成为攻击方最喜欢的突破口，一旦攻破则畅通无阻。受评方安全人员一定要梳理 Web 服务的 API 隐藏接口、不用的 VPN、WiFi 账号等，以便进行重点防守。

6.4.2 纵深防御评估

收缩战线评估完成后，针对实战攻击，应对受评方自身安全状态开展全面体检，此时可结合战争中的纵深防御理论审视受评方当前网络安全防护能力。可按照互联网端防护、内外部访问控制（安全域间甚至每台机器之间）、主机层防护、供应链安全和物理层近源攻击等纵深防御的视角，将相关安全防护情况纳入评估作业指导书，目标是通过层层防护，尽量拖延攻击方扩大战果的时间，将损失降至最小。

1. 评估信息资产动态梳理情况

清晰的信息资产是防护工作的基石，对整个防护工作是否能顺利开展起决定作用。可查看受评方是否通过开展信息资产梳理工作形成了信息资产列表，是否包括了自身网络环境中所有的业务系统、框架结构、IP地址（公网、内网）、数据库、应用组件、网络设备、安全设备、归属信息、业务系统接口调用信息等，最终是否形成了准确、清晰的信息资产列表，并且是否定期动态梳理、不断更新以确保资产信息的准确性，从而为常态化实战防护奠定基础。

2. 评估互联网端防护措施

互联网端是纵深防御的最外部接口，是重点防护区域。互联网端的防护评估可从是否接入第三方云防护平台、是否部署网络安全防护设备和进行攻击检测两方面开展，涉及的网络安全防护设备包括下一代防火墙、防病毒网关、全流量分析设备、防垃圾邮件网关、WAF、IPS等。在攻击检测方面，可评估受评方是否事先对互联网系统进行了完整的渗透测试，是否掌握了互联网系统安全状况，对存在的漏洞是否进行了处置，这种攻击检测是否成为一种例行的自检工作机制。

3. 评估访问控制策略

访问控制策略是否严格对防护工作至关重要。从实战经验来看，严格的访问控制策略对攻击者能产生极大的阻碍。应查看受评方是否对访问控制策略进行定期梳理，对于不同安全域的访问策略，包括互联网边界、业务系统（含主机）之间、办公环境、运维环境、集权系统的访问策略、内部与外部单位对接访问策略、无线网络访问策略等，是否定期进行检查和优化。

应依照最小原则，只给必须使用的用户开放访问权限。按此原则评估访问控制策略，禁止私自开放服务或者内部全通的情况出现。无论是阻止攻击方撕破边界打点，还是增加攻击方进入内网后开展横向渗透的难度，严格的访问控制策略都是非常简单有效的手段。通过严格的访问控制策略尽可能地为攻击方制造障碍。

4. 评估主机加固情况

当攻击方从突破点进入内网后，首先做的就是攻击同网段主机。主机防护能力强弱直接决定了攻击方内网攻击成果的大小。应评估受评方是否从以下几个方面对主机进行了防护：对主机进行漏洞扫描，基线加固；最小化软件安装，关闭不必要的服务；杜绝主机弱口令，结合堡垒机开启双因素认证登录功能；高危漏洞（包括安装在系统上的软件的高危漏洞）必须打补丁；开启日志审计功能。部署主机防护软件对服务进程、重要文件等进行监控，还可开启防护软件的“软蜜罐”功能，进行攻击行为诱捕。

5. 评估供应链安全情况

攻击方擅长发现各行业中广泛使用的软件、框架或设备的安全漏洞，在攻防对抗中有的放矢地突破防守方的网络边界，甚至获取目标系统权限。因此，需要评估受评方在安全运营工作中是否重视与供应链厂商建立安全应对机制，要求供应链厂商建立自身的网络防护环境、产品的安全保障机制（包括源代码、管理工具、技术文档、漏洞补丁等方面的管理），一旦暴露出安全问题，是否能够及时向受评方提供修复方案或处置措施。同时，应评估受评方是否了解并要求供应链厂商建立内部情报渠道，持续提高产品的安全性，提供更及时的产品支持服务。

从实战角度出发，建议受评方对其现有安全架构进行梳理，以安全能力建设为核心，面向主要风险重新设计整体安全架构，通过多种安全能力的组合和结构性设计，形成真正的纵深防御体系，并努力将安全工作前移，确保安全技术措施与网络系统同步规划、同步建设、同步运行，建立具备实战防护能力、有效应对高级威胁、持续迭代演进提升的纵深防御体系。

6.4.3 核心防护评估

核心防护是指根据系统的重要性划分出防护工作重点，找到关键点（包括薄弱点和短板弱项），以集中力量进行常态化防守。根据实战攻防经验，核心关键点一般包括：核心生产系统、集权类系统、重要业务系统等，应评估受评方是否针对这些重点系统进行了常态化的资产梳理和问题整改。建议对这些系统进行单独的评估，充分检验重点系统的安全性。对重点系统的流量、日志等，将其纳入安全运行中心，进行常态化实时监控和态势研判分析。

1. 核心生产系统防护评估

核心生产系统是实战中攻防双方关注的焦点，也是防守的重中之重。首先，评估受评方对核心生产系统的安全测试情况，判断其自身安全是否有保障；其次，评价受评方是否梳理了与核心生产系统互通的网络，重新进行了网络策略梳理，按照最小原则进行访问；再次，评价受评方核心生产系统是否部署在内部网络中，尽可能避免直接对互联网开放；最后，评价受评方是否对核心生产系统主机部署了安全防护软件，进行进程白名单限制，并实时监测其安全状态。

2. 集权类系统防护评估

集权类系统一般包括受评方自建的云管理平台、核心网络设备、堡垒机、SOC平台、VPN等，它们是攻击队最喜欢攻击的内部系统，一旦被攻破，则集权类系统所控制的主机可同样视为已被控制，杀伤力巨大。集权类系统是内部防护的重中之重。应评估受评方是否从以下几个方面做好了防护：集权类系统的主机安全、集权类系统本体已知漏洞加固或打补丁、集权类系统的弱口令、集权类系统访问控制、集权类系统配置安全以及集权类系统安全测试等。

3. 重要业务系统防护评估

重要业务系统具有重要数据，也应该进行重点防护。针对此类系统，除了常规的安全测试、软件系统补丁升级及安全基线加固之外，评估要点包括：是否针对此类系统实施了安全监测，并对其业务数据进行了重点防护，例如通过部署数据库审计系统、DLP系统加强对数据的安全保护。

6.4.4　协同作战评估

大规模、有组织的攻击往往在攻击手段上不断快速变化升级。协同作战评估应检查受评方在现场人员能力无法应对攻击的情况下，是否能够借助后端技术资源，相互配合，协同作战，建立体系化支撑，这是有效应对防护工作中面临各种挑战的重要能力。

1. 产品应急支撑机制评估

产品的安全正常运行是安全防护工作的前提。但在实际中不可避免地会出现产品故障、产品漏洞等问题，影响到防护工作。因此，应评估受评方是否同各类产品（起码包括关键信息资产）的原厂商或供应商建立了产品应急支撑机制，在产品出现故障、安全问题(如需要处置0Day漏洞)时,能够快速得到响应和解决。

2. 安全事件应急支撑机制评估

安全事件的应急处置一般会涉及受评方的多个部门的人员。对受评方安全事件应急支撑机制,应评估以下两方面:受评方在组建安全事件应急团队时,是否充分考虑了哪些人员应该纳入应急支撑团队中;在实战中需要对发生的安全事件开展应急处置时,如果应急团队因技术能力等原因无法完成对安全事件的处置,是否能够快速获得其他技术支撑单位的帮助,以弥补本单位应急处置能力的不足。

3. 情报支撑能力评估

攻防对抗的本质就是信息战,谁掌握的情报越早、越多、越准确,谁就越有可能立于不败之地。随着攻击手段的日益丰富,0Day漏洞、NDay漏洞、钓鱼、社工、近源攻击的频繁使用以及攻击队信息搜集能力的大大提高,攻击方已发展到集团军作战模式。所以,在实战防护中,仅凭一个单位的防守力量可能无法真正抵御攻击方的狂轰滥炸。应评估受评方在自身的防护能力之外是否与相关单位防护队伍建立了有效的安全情报网,通过民间、同行业、厂商、国家、国际漏洞库等多种方式及时、全面收集情报,建立和不断完善情报甄别和情报利用工作机制,高效、快速地抵御攻击。

4. 样本数据分析支撑能力评估

应评估受评方在监测中发现可疑、异常文件时是否能够将可疑、异常文件提交至后端样本数据分析团队,根据样本分析结果判断攻击入侵程度,并及时指导和开展应急处置工作。

5. 追踪溯源支撑能力评估

当发现攻击方的入侵痕迹后,需对攻击方的行为、目的、身份等开展溯源工作。应评估受评方是否能够组织追踪溯源,凭借追踪溯源团队的技术力量,分析出攻击方的攻击行为、攻击目的乃至攻击方的身份。必要情况下,还能够一起对攻击方开展反制工作,配合公安机关等运用法律手段强化安全防护效能。

6.4.5 主动防御评估

攻击方的手段越来越隐蔽，越来越单刀直入，通过 0Day、NDay 直指系统漏洞，直接获得系统控制权限。攻击方成功攻入内网之后，会对内网进行横向渗透。因此，拥有完整的系统隔离手段，在系统之间进行隔离，就显得尤为重要。应评估受评方是否清楚哪些系统之间有关联，访问控制措施是什么，在发生攻击事件后，能否立即研判受害系统范围和关联的其他系统，并及时制定应对的访问控制策略，防止攻击者在内部持续地横向渗透。任何攻击都会留下痕迹。攻击方会尽量隐藏痕迹，防止被发现。所以，可评估受评方是否能够尽早发现攻击路径，甚至对可疑攻击源进行溯源反制。建立全方位的安全监控体系是安全防护最有力的武器。有效的安全监控体系可以从如下 6 方面进行评估。

1. 自动化的 IP 地址封禁能力评估

在实战对抗中，如果受评方成员 7×24 小时不间断地从安全设备的告警中识别风险，将极大地消耗监测人员、处置人员的精力。因此，应评估受评方的常态化防护中是否具有自动化的 IP 地址封禁能力，是否能够通过部署态势感知与安全设备联动，收取全网安全设备的告警信息，当态势感知系统收到安全告警信息后，根据预设规则自动下达边界封禁策略，使封禁设备能够做出及时、有效的阻断和拦截，这样可以大大降低人工的参与程度，从而大大提高防守效率。

2. 网络全流量监控能力评估

任何攻击都要通过网络并产生网络流量。攻击数据和正常数据肯定是不同的，通过网络全流量捕获攻击行为是目前最有效的安全监控方式。因此，可核查受评方通过网络全流量安全监控设备，结合安全人员的分析，是否能够快速发现攻击行为，并提前做出有针对性的防守动作。

3. 主机监控情况评估

任何攻击的最终目标都是获取主机(服务器或终端)权限。可评估受评方是否能够通过部署合理的主机安全软件、审计命令行过程、监控文件创建进程等方式，及时发现恶意代码或 WebShell，并结合网络全流量监控措施，更清晰、准确、快速地找到被攻击的真实目标主机。

4. 日志监控情况评估

对系统和软件的日志监控同样必不可少。日志信息是帮助安全人员分析攻击路径的一种有效手段。攻击方攻击成功后，打扫战场的首要任务就是删除日志，或者切断主机日志的外发，以防止被追踪。因此，应评估受评方是否建立了一套独立的日志分析和存储机制，是否派专人对重要目标系统日志和中间件日志进行恶意行为监控分析。

5. 蜜罐诱捕情况评估

随着攻防对抗的持续化发展，蜜罐技术已成为改变被动挨打局面的一把利剑。其特点是诱导攻击方攻击伪装目标，持续消耗攻击方的资源，保护真实资产，监控期间针对所有的攻击行为进行分析，可以捕获 0Day 信息。可核查受评方采用蜜罐诱捕防护措施的有效性。目前的蜜罐技术主要包括自制蜜罐、高交互蜜罐和低交互蜜罐，可诱导攻击方下载远程控制程序，定位攻击的自然人身份，提升主动防御能力，让对抗工作由被动变主动。

6. 情报支撑与应用评估

在网络安全防守工作中，要善于利用情报搜集机制提供的各种情报，根据情报内容及时对现有环境进行筛查和处置。同时，对已获取的情报，请求后端资源对情报进行分析和辨别，以便采取应对措施。

构建主动防御的基础是可以采集到内部网络的大量有效数据，包括安全设备的告警、流量信息、账号信息等。为了对内部网络影响最小，采用流量威胁分析的方式，实现网络全流量威胁感知，特别是关键的边界流量、内部重要区域的流量。安全运营团队应利用专业的攻防技能，从这些流量威胁告警数据中发现攻击线索，并对已发现的攻击线索进行威胁巡猎、拓展，一步步找到真实的攻击点和受害目标。

主动防御能力主要表现为构建安全运营的闭环，包括以下几方面：

(1) 在漏洞的运营方面，形成持续的评估发现、风险分析、加固处置的闭环，减少内部网络的受攻击面，提升网络环境的内生安全。

(2) 在安全事件运营方面，对实战中的攻击事件的行为做到可发现、可分析、可处置的闭环管理过程，实现安全事件的全生命周期管理，压缩攻击方停留在内部网络的时间，降低安全事件的负面影响。

(3) 在资产运营方面，逐步建立配置管理数据库(Configuration Management Database，CMDB)，定期开展暴露资产发现，并定期更新配置管理数据库，这样才能使安全运营团队快速定义攻击源和具有漏洞的资产，通过对未知资产的处置和漏洞加固，减少内外部的受攻击面。

6.4.6 应急处突评估

道高一尺，魔高一丈。随着攻防对抗的深入，越来越多的防护体系已从只利用防火墙进行访问控制发展到逐步完善了 WAF、IPS、IDS、EDR 等多种防护设备，逼迫攻击方通过使用 0Day、NDay、现场社工、钓鱼等多种方式综合地、高强度地开展持续攻击，所以应急处突是整个受评方防守能力的重要体现，不仅考验应急处置人员的技术能力，更检验多部门(单位)之间的协同能力。其中，评估应急预案非常必要，包括以下几方面：

(1) 各级组织结构是否完善，例如监测组、研判组、应急处置组(网络小组、系统运维小组、应用开发小组、数据库小组)、情报协调组、宣传督导组等。

(2) 各方各组人员角色是否明确，例如监测组的监测人员。

(3) 各方各组人员职责是否明确，例如监测组的监测人员负责某台设备的监测并且 7×24 小时不得离岗等。

(4) 各类设备的能力与作用是否明确，例如防护类设备、流量类设备、主机检测类设备等。

(5) 是否预判了可能出现的攻击成功场景，例如 Web 攻击成功场景、反序列化攻击成功场景、WebShell 上传成功场景等。

(6) 突发事件的处置流程是否明确，例如针对不同攻击场景的处置流程、上机查证类处置流程、非上机查证类处置流程等。

6.4.7 溯源反制评估

溯源工作一直是网络安全的重要组成部分，无论是常态化运维防护还是实战对抗，在发生安全事件后，溯源工作都是能有效防止被再次入侵的有效手段。因此，溯源能力评估也是非常重要的。

受评方应该有或者能够组织经验丰富、思路清晰的溯源人员在第一时间进行应急响应，按照应急预案分工，快速查清入侵过程，并及时调整防护策略，防止攻击方再次入侵，同时也为反制人员提供溯源获取的真实 IP 地址，有效支持反制工作。反制工作是受评方反渗透能力的体现。很多单位只具备监测、分析、研判的能力，缺少反渗透实力。这将使安全防护一直处于被动状态，不知道可反制的固定目标，很难从大量的攻击 IP 地址里确定哪些可能是攻击方的 IP 地址。经验丰富的反渗透人员会通过分析告警日志、攻击 IP 地址、攻击手法等内容，对攻击 IP 地址进行端口扫描、IP 地址反查域名、威胁情报收集等工作，通过收集到的信息进行反渗透。可以通过效仿攻击方的社攻手段，诱导攻击方进入诱捕陷阱，从而达到反制的目的，定位攻击方的自然人身份信息。

6.4.8 动态防御评估

在实战攻防对抗中，攻击方总是持续进行信息收集、攻击探测、提权、持久化的循环过程。攻击方总是通过不断的探测发现环境漏洞，并尝试绕过现有的防御体系，成功入侵到网络环境中。如果防御体系的安全策略长期保持不变，一定会让“不达目的绝不罢休”的攻击方得手。所以，为了应对攻击方持续变化的攻击行为，需要评估受评方的防御体系自身是否具有体现出一定适应性的动态检测能力和响应能力。

在攻防对抗中，应利用现有安全设备的集成能力和威胁情报能力，通过云端的威胁情报数据，让防御体系中的检测设备和防护设备发现更多的攻击行为，并依据设备的安全策略做出动态的响应处置，把攻击方阻挡在内网边界之外。同时，在设备响应处置方面，也需要通过分析攻击方的攻击行为和动机，形成多样化的防护能力，例如封堵 IP 地址、拦截存在漏洞的 URL 页面访问等策略。

通过动态防御体系，不仅可以有效拦截攻击方的攻击行为，而且可以迷惑攻击方，让攻击方的探测行为失去方向，让更多的攻击方知难而退，从而在攻防对抗中占得先机。

6.4.9 精准防御评估

在实战攻防对抗中，封堵 IP 地址是很多受评方的主要响应手段。这种手段相对

简单、粗暴。同时,采用这种手段,容易造成对业务可用性的影响,主要体现在以下两点:

(1) 如果是检测设备误报,就会导致被封堵的IP地址并非真实的攻击IP地址,这会影响互联网用户的业务。

(2) 如果攻击IP地址自身是一个IDC出口IP地址,那么封堵该IP地址,就可能造成IDC后端大量用户的业务不可用。

所以,从常态化安全运行的角度来看,受评方应建立基于情报数据的精准防御能力。具体来说,主要包括以下3点。

首先,受评方需要建设一种精准防御的响应能力,在实战攻防对抗中针对不同的攻击IP地址、攻击行为可采用更细粒度、更精准的防御手段。结合实战攻防对抗场景,受评方能够利用威胁情报数据共享机制实现攻击源的精准检测与告警,促进精准防御,减少检测设备误报导致业务部分中断的影响。此外,让威胁情报数据共享机制在多点安全设备(例如网络流量检测设备、终端检测与响应系统、主机防护系统等)上共同作用,可以形成多样化、细粒度化的精准防御。

其次,为了最小化对业务可用性的影响,需要设计多样化的精准防御手段与措施,既要延缓攻击,同时也要实现业务连续性。例如,从受攻击目标系统角度考虑设计精准防御能力,围绕不同的目标系统,采取不同的响应策略。如果是针对非实时业务系统的攻击,可以考虑通过防火墙封禁IP地址的模式;如果是针对实时业务系统的攻击,就应考虑在WAF设备上拦截对有漏洞的页面的访问请求,从而使对实时业务系统的影响最小化。

最后,为了保证在实战攻防对抗过程中不会大面积失陷,应评估是否在重要主机(例如域控服务器、网管服务器、OA服务器、邮件服务器等)一侧加强了主机安全防护,以阻止主机层恶意代码运行与异常进程操作。

6.4.10 联防联控评估

在实战攻防对抗中,受评方一定要建立联防联控机制,以实现分工明确、信息通畅。唯有如此,才可能持续打赢网络安全保卫战。联防联控可以从以下几个关键点进行评估。

1. 系统协同

通过安全系统的接口实现系统的集成，提升安全系统的联动性，实现特定安全攻击事件的自动化处置，提高安全事件的响应处置效率。

2. 部门协同

内部的安全部门、网络部门、开发部门、业务部门全力配合实战攻防，完成每个阶段的工作，同时在安全值守阶段全力配合，做好安全监控与处置工作。

3. 外部协同

实战攻防是一个高频的对抗活动，在这期间，需要外部的专业安全厂商协同防守。各个厂商应依据产品特点和职能分工落实各自的工作，并在实战攻防期间做到信息通信顺畅、听从指挥。

4. 平台对沟通的支撑

为了加强内部团队的沟通与协同，在内部通过安全可信的即时通信系统等指挥平台实现各部门、各角色之间的流程化、电子化和实时化沟通，提升沟通协同效率，助力联防联控有效运转。

6.4.11 整体防御评估

从攻击路径看，分支机构（以及与受评方总部联网的其他外部机构）的安全能力一般弱于总部，同时分支机构和总部网络层面是相通的，并且在早期安全建设时往往会默认对方的网络是可信的。从安全防护层面看，总部一般也仅是对来自分支机构的访问请求设置一些比较粗粒度的访问控制措施。这些安全隐患都会给攻击方留出机会，使攻击方可以从薄弱点进入，然后横向移动到总部的目标系统。因此，应评估受评方如何对总部和分支机构进行统一安全规划和管理，形成整体防御能力。对受评方的整体防御能力，可从以下几方面进行评估。

1. 互联网出入口统一管理

应尽量减少并集中管控所有下属单位和分支机构的互联网出入口。统一管理的好处是集中防御、节约成本、降低风险。同时，在整体上开展互联网侧的各类风险排查，包括互联网未知资产、敏感信息、社工信息等的清理工作。

2. 分支机构防御能力

如果无法实现分支机构的互联网出入口统一管理，分支机构需要参考总部的安全体系加强其自身的防御能力，避免成为安全中的短板弱项。要同步加强受评方总部和分支机构内部网络之间的边界防护措施以及访问控制策略的最小化和最优化，如采用白名单控制机制。

3. 全面统筹、协同防御能力

分支机构应配合总部开展风险排查，与总部一起安全值守，并配置适当的安全监控人员、安全分析处置人员，配合总部做好整体的防御，形成上下级联动防护，包括做好攻击的应急处置等工作。

6.4.12 常态化防护评估

网络安全的本质是对抗。对抗是攻防双方能力的较量，是人与人的较量。网络安全维护必须是整体的、开放的、动态的、相对的和协同的，而不是割裂的、静态的、封闭的、绝对的和孤立的。业务在发展，网络在变化，技术在变化，人员在变化，攻击手段也在不断变化。所以网络安全没有“一招鲜”的方式，需要在日常工作中不断积累，不断创新，不断适应变化，持续地构建和提升自身的安全能力，才能面对随时可能威胁系统的各种攻击。

图 6-3 给出了网络安全防护常态化工作体系。常态化防护不能挂在嘴上，关键是抓细做实，常态化至少可以从 9 个方面评估：

(1) 是否已建立网络安全运行中心并配备专业人员。

(2) 是否已实行 365×24 小时值班值守。

(3) 是否已形成领导带班、专业人员值长负责制度。

(4) 是否有规范的交接班工作流程和记录。

(5) 是否实行实时监测、通报预警、即时处置和整改项的闭环跟踪计划管控。

(6) 是否已建立监测日报、监测周报和周会、监测月报和态势研判月会制度。

(7) 是否进行不打招呼的、经常性的、有针对性的渗透攻击和专项检测。

责任单位和人员	IT网络安全运行值班值守人员	IT网络安全运行中心负责人	网络安全支持专业公司和其他战略合作专业公司	IT信息安全主架构师 / IT各项专业负责人 / 各下属单位网信部门	总部网信办副主任	各下属单位CISO / 总部网信办主任	总部网信委副主任	总部主要负责人兼网信委主任
工作节点	每日实时监测并组织即时处置	每周态势研判和工作检查	日常情报收集 专项飞行检测 专项应急演练攻防 年度实网实战攻防 攻防和内生能力测评	总部IT安全运维(月)例会 整改通知落实和经验反馈会/(下属单位) 外部审计、内部审计、飞行检查或年度交叉评估/(总部网信办) 风险隐患问题专项调研推进会/(总部网信办)	网络安全月度态势研判和工作部署会	总部网信办季度例会 重大和难点问题专项调研推进会	总部网信工作会议	总部网信委会议
交付文档	监测日报 整改通知书 网络安全情报(漏洞/病毒/木马/APT攻击等)通知单和情报率	监测周报 周例会工作跟踪表	专项检测结束报告 专项演练预案和攻防总结 年度实网实战结束通报 内生能力和提升	监测月报 总部IT运维月会跟踪事项表 专项问题研究推进纪要 专项整改和经验反馈报告 飞行检查或年度评估报告 网络安全事件(总部外部网络安全事件单和总部内部整改通知单)及经验反馈库	月度研判会纪要 网络安全月度要报 网络安全月度情况通报 下属单位月度考核结果通报	网络安全季度执行情况报告 网络安全季度工作要点 重大专项推进会纪要	网络安全算度提升计划和工作部署纪要	网络安全年度执行情况总结 各公司年度考核结果通知 网络安全年度重点工作计划 网络安全年度预算表
	网络安全常态化宣传教育资料和培训课件库							
工作依据	总部网络安全运行中心工作程序和技术手册 其他需要补充完善的工作程序(根据需要确定)			总部IT技术标准手册 总部网络安全考核管理标准 总部网络安全事件专项应急预案	总部核心生产系统网络安全管理标准 总部信息安全管理标准(ISO 27001) 总部信息安全研发中心管理办法		总部网络安全管理标准	总部网信委运作管理办法 总部信息化管理制度

图 6-3　网络安全防护常态化工作体系

(8) 是否进行网络安全正反案例的及时通报、宣贯教育和考核评价。

(9) 是否始终不忘网络安全“三同步原则”。

对受评方网络安全防护常态化工作体系进行评估，可以指导和促进受评方基于常态化防护思维，立足持续打赢，夯实安全基础，加强安全能力建设，构建专业化的安全团队，优化安全运营过程，并针对各种攻击事件采取重点防护措施。还可以促使受评方清醒地认识到，不能再以“修修补补，哪里出问题就堵哪里”的思维解决网络安全问题，而应未雨绸缪，从管理、技术、运维和监督等方面全面、系统地构建实战化、常态化的网络安全综合防御体系，以持续有效地应对实战环境下的各种安全挑战。

网络安全评估领域代码对照表

序号	中文名称	英文全称	缩写
1	安全领导力	Security Leadership	SL
2	安全物理环境	Physical Environment	PE
3	安全通信网络	Security Network	SN
4	安全区域边界	Region Boundary	RB
5	安全计算环境	Computing Environment	CE
6	安全建设管理	Security Construction	SC
7	安全运维管理	Security Operation	SO
8	安全监测防护	Monitoring Protection	MP
9	安全管理保障	Security Management	SM

网络安全评估项与GB/T 22239—2019等级保护基本要求对照表

评估项	GB/T 22239—2019 第四级章节号
SL　安全领导力(新增)	
SL1　网络安全观和承诺	
SL1a	新增
SL1b	新增
SL1c	新增
SL2　网络安全组织与责任	
SL2a	新增
SL2b	新增
SL2c	新增
SL3　网络安全防御体系	
SL3a	新增
SL3b	新增
SL3c	新增
SL4　网络安全支持和促进	
SL4a	新增
SL4b	新增
SL4c	新增
SL5　网络安全文化	
SL5a	新增

续表

评估项	GB/T 22239—2019 第四级章节号
SL5b	新增
SL5c	新增
SL6　网络安全能力建设	
SL6a	新增
SL6b	新增
SL6c	新增
PE　安全物理环境(9.1.1　安全物理环境)	
PE1　物理位置选择(9.1.1.1　物理位置选择/9.2.1.1　云计算基础设施位置/9.3.1.1　移动互联无线接入点物理位置/9.4.1.1　物联网节点设备物理防护/9.5.1.1　工控系统室外控制设备物理防护/H.5.1　大数据物理位置选择)	
PE1a	9.1.1.1 a)
PE1b	9.1.1.1 b)
PE1c	9.2.1.1
PE1d	9.3.1.1
PE1e	9.4.1.1 a)
PE1f	9.4.1.1 b)
PE1g	9.4.1.1 c)
PE1h	9.4.1.1 d)
PE1i	9.5.1.1 a)
PE1j	9.5.1.1 b)
PE1k	H.5.1
PE2　物理访问控制(9.1.1.2　物理访问控制/9.1.1.3　防盗窃和防破坏)	
PE2a	9.1.1.2 a)
PE2b	9.1.1.2 b)
PE2c	9.1.1.3 a)
PE2d	9.1.1.3 b)
PE2e	9.1.1.3 c)

续表

评估项	GB/T 22239—2019 第四级章节号
PE3　机房物理防护(9.1.1.4　防雷击/9.1.1.5　防火/9.1.1.6　防水和防潮/9.1.1.7　防静电/9.1.1.8　温湿度控制/9.1.1.10　电磁防护)	
PE3a	9.1.1.4 a)
PE3b	9.1.1.4 b)
PE3c	9.1.1.5 a)
PE3d	9.1.1.5 b)
PE3e	9.1.1.5 c)
PE3f	9.1.1.6 a)
PE3g	9.1.1.6 b)
PE3h	9.1.1.6 c)
PE3i	9.1.1.7 a)
PE3j	9.1.1.7 b)
PE3k	9.1.1.8
PE3l	9.1.1.10 a)
PE3m	9.1.1.10 b)
PE4　电力供应(9.1.1.9　电力供应)	
PE4a	9.1.1.9 a)
PE4b	9.1.1.9 b)
PE4c	9.1.1.9 c)
PE4d	9.1.1.9 d)
SN　安全通信网络(9.1.2　安全通信网络)	
SN1　网络架构(9.1.2.1　网络架构)	
SN1a	9.1.2.1 a)
SN1b	9.1.2.1 b)
SN1c	9.1.2.1 c)
SN1d	9.1.2.1 d)
SN1e	9.1.2.1 e)

续表

评估项	GB/T 22239—2019 第四级章节号
SN1f	9.1.2.1 f)
SN2　云计算网络架构(9.2.2.1　云计算网络架构)	
SN2a	9.2.2.1 a)
SN2b	9.2.2.1 b)
SN2c	9.2.2.1 c)
SN2d	9.2.2.1 d)
SN2e	9.2.2.1 e)
SN2f	9.2.2.1 f)
SN2g	9.2.2.1 g)
SN2h	9.2.2.1 h)
SN3　工控系统网络架构(9.5.2.1　工控系统网络架构)	
SN3a	9.5.2.1 a)
SN3b	9.5.2.1 b)
SN3c	9.5.2.1 c)
SN4　通信传输(9.1.2.2　通信传输/9.5.2.2　工控系统通信传输)	
SN4a	9.1.2.2 a)
SN4b	9.1.2.2 b)
SN4c	9.1.2.2 c)
SN4d	9.1.2.2 d)
SN4e	9.5.2.2
SN5　可信验证(9.1.2.3　可信验证)	
SN5a	9.1.2.3
SN6　大数据安全通信网络(H.5.2　大数据安全通信网络)	
SN6a	H.5.2 a)
SN6b	H.5.2 b)
RB　安全区域边界(9.1.3　安全区域边界)	
RB1　边界防护(9.1.3.1　边界防护)	

续表

评估项	GB/T 22239—2019 第四级章节号
RB1a	9.1.3.1 a)
RB1b	9.1.3.1 b)
RB1c	9.1.3.1 c)
RB1d	9.1.3.1 d)
RB1e	9.1.3.1 e)
RB1f	9.1.3.1 f)
RB2　边界访问控制(9.1.3.2　访问控制/9.2.3.1　云计算边界访问控制/9.3.2.2　移动互联边界访问控制/9.5.3.1　工控系统边界访问控制)	
RB2a	9.1.3.2 a)
RB2b	9.1.3.2 b)
RB2c	9.1.3.2 c)
RB2d	9.1.3.2 d)
RB2e	9.1.3.2 e)
RB2f	9.2.3.1 a)
RB2g	9.2.3.1 b)
RB2h	9.3.2.2
RB2i	9.5.3.1 a)
RB2j	9.5.3.1 b)
RB3　入侵、恶意代码和垃圾邮件防范(9.1.3.3　入侵防范/9.1.3.4　恶意代码和垃圾邮件防范)	
RB3a	9.1.3.3 a)
RB3b	9.1.3.3 b)
RB3c	9.1.3.3 c)
RB3d	9.1.3.3 d)
RB3e	9.1.3.4 a)
RB3f	9.1.3.4 b)
RB4　边界安全审计和可信验证(9.1.3.5　安全审计/9.2.3.3　云计算边界安全审计/9.1.3.6　可信验证)	
RB4a	9.1.3.5 a)

续表

评估项	GB/T 22239—2019 第四级章节号
RB4b	9.1.3.5 b)
RB4c	9.1.3.5 c)
RB4d	9.2.3.3 a)
RB4e	9.2.3.3 b)
RB4f	9.1.3.6
RB5　云计算边界入侵防范(9.2.3.2　云计算边界入侵防范)	
RB5a	9.2.3.2 a)
RB5b	9.2.3.2 b)
RB5c	9.2.3.2 c)
RB5d	9.2.3.2 d)
RB6　移动互联边界防护和入侵防范(9.3.2.1　移动互联边界防护/9.3.2.3　移动互联边界入侵防范)	
RB6a	9.3.2.1
RB6b	9.3.2.3 a)
RB6c	9.3.2.3 b)
RB6d	9.3.2.3 c)
RB6e	9.3.2.3 d)
RB6f	9.3.2.3 e)
RB6g	9.3.2.3 f)
RB7　物联网边界入侵防范和接入控制(9.4.2.2　物联网边界入侵防范/9.4.2.1　物联网接入控制)	
RB7a	9.4.2.2 a)
RB7b	9.4.2.2 b)
RB7c	9.4.2.1
RB8　工控系统边界防护(9.5.3.2　工控系统拨号使用控制/9.5.3.3　工控系统无线使用控制)	
RB8a	9.5.3.2 a)
RB8b	9.5.3.2 b)
RB8c	9.5.3.2 c)
RB8d	9.5.3.3 a)

续表

评估项	GB/T 22239—2019 第四级章节号
RB8e	9.5.3.3 b)
RB8f	9.5.3.3 c)
RB8g	9.5.3.3 d)
CE 安全计算环境(9.1.4 安全计算环境)	
CE1 身份鉴别(9.1.4.1 身份鉴别/9.2.4.1 云计算环境身份鉴别)	
CE1a	9.1.4.1 a)
CE1b	9.1.4.1 b)
CE1c	9.1.4.1 c)
CE1d	9.1.4.1 d)
CE1e	9.2.4.1
CE2 访问控制(9.1.4.2 访问控制/9.2.4.2 云计算环境访问控制)	
CE2a	9.1.4.2 a)
CE2b	9.1.4.2 b)
CE2c	9.1.4.2 c)
CE2d	9.1.4.2 d)
CE2e	9.1.4.2 e)
CE2f	9.1.4.2 f)
CE2g	9.1.4.2 g)
CE2h	9.2.4.2 a)
CE2i	9.2.4.2 b)
CE3 安全审计和可信验证(9.1.4.3 安全审计/9.1.4.6 可信验证)	
CE3a	9.1.4.3 a)
CE3b	9.1.4.3 b)
CE3c	9.1.4.3 c)
CE3d	9.1.4.3 d)
CE3e	9.1.4.6

续表

评估项	GB/T 22239—2019 第四级章节号
CE4　入侵和恶意代码防范（9.1.4.4　入侵防范/9.2.4.3　云计算环境入侵防范/9.1.4.5　恶意代码防范）	
CE4a	9.1.4.4 a)
CE4b	9.1.4.4 b)
CE4c	9.1.4.4 c)
CE4d	9.1.4.4 d)
CE4e	9.1.4.4 e)
CE4f	9.1.4.4 f)
CE4g	9.2.4.3 a)
CE4h	9.2.4.3 b)
CE4i	9.2.4.3 c)
CE4j	9.1.4.5
CE5　数据完整性和保密性（9.1.4.7　数据完整性/9.1.4.8　数据保密性/9.2.4.5　云计算环境数据完整性和保密性）	
CE5a	9.1.4.7 a)
CE5b	9.1.4.7 b)
CE5c	9.1.4.7 c)
CE5d	9.1.4.8 a)
CE5e	9.1.4.8 b)
CE5f	9.2.4.5 a)
CE5g	9.2.4.5 b)
CE5h	9.2.4.5 c)
CE5i	9.2.4.5 d)
CE6　数据备份恢复（9.1.4.9　数据备份恢复/9.2.4.6　云计算环境数据备份恢复）	
CE6a	9.1.4.9 a)
CE6b	9.1.4.9 b)
CE6c	9.1.4.9 c)
CE6d	9.1.4.9 d)

续表

评估项	GB/T 22239—2019 第四级章节号
CE6e	9.2.4.6 a)
CE6f	9.2.4.6 b)
CE6g	9.2.4.6 c)
CE6h	9.2.4.6 d)
CE7　剩余信息和个人信息保护(9.1.4.10　剩余信息保护/9.2.4.7　云计算环境剩余信息保护/9.1.4.11　个人信息保护)	
CE7a	9.1.4.10 a)
CE7b	9.1.4.10 b)
CE7c	9.2.4.7 a)
CE7d	9.2.4.7 b)
CE7e	9.1.4.11 a)
CE7f	9.1.4.11 b)
CE8　云计算环境镜像和快照保护(9.2.4.4　云计算环境镜像和快照保护)	
CE8a	9.2.4.4 a)
CE8b	9.2.4.4 b)
CE8c	9.2.4.4 c)
CE9　移动终端和应用管控(9.3.3.1　移动终端管控/9.3.3.2　移动应用管控)	
CE9a	9.3.3.1 a)
CE9b	9.3.3.1 b)
CE9c	9.3.3.1 c)
CE9d	9.3.3.2 a)
CE9e	9.3.3.2 b)
CE9f	9.3.3.2 c)
CE9g	9.3.3.2 d)
CE10　物联网设备和数据安全(9.4.3.1　感知节点设备安全/9.4.3.2　物联网网关节点设备安全/9.4.3.3　物联网抗数据重放/9.4.3.4　物联网数据融合处理)	
CE10a	9.4.3.1 a)
CE10b	9.4.3.1 b)

续表

评估项	GB/T 22239—2019 第四级章节号
CE10c	9.4.3.1 c)
CE10d	9.4.3.2 a)
CE10e	9.4.3.2 b)
CE10f	9.4.3.2 c)
CE10g	9.4.3.2 d)
CE10h	9.4.3.3 a)
CE10i	9.4.3.3 b)
CE10j	9.4.3.4 a)
CE10k	9.4.3.4 b)
CE11　工控系统控制设备安全(9.5.4.1　工控系统控制设备安全)	
CE11a	9.5.4.1 a)
CE11b	9.5.4.1 b)
CE11c	9.5.4.1 c)
CE11d	9.5.4.1 d)
CE11e	9.5.4.1 e)
CE12　大数据安全计算环境(H.5.3　大数据安全计算环境)	
CE12a	H.5.3 a)
CE12b	H.5.3 b)
CE12c	H.5.3 c)
CE12d	H.5.3 d)
CE12e	H.5.3 e)
CE12f	H.5.3 f)
CE12g	H.5.3 g)
CE12h	H.5.3 h)
CE12i	H.5.3 i)
CE12j	H.5.3 j)
CE12k	H.5.3 k)

续表

评估项	GB/T 22239—2019 第四级章节号
CE12l	H.5.3 l)
CE12m	H.5.3 m)
CE12n	H.5.3 n)
CE12o	H.5.3 o)
SC　安全建设管理(9.1.9　安全建设管理)	
SC1　定级备案和等级测评(9.1.9.1　定级和备案/9.1.9.9　等级测评)	
SC1a	9.1.9.1 a)
SC1b	9.1.9.1 b)
SC1c	9.1.9.1 c)
SC1d	9.1.9.1 d)
SC1e	9.1.9.9 a)
SC1f	9.1.9.9 b)
SC1g	9.1.9.9 c)
SC2　方案设计和产品采购(9.1.9.2　安全方案设计/9.1.9.3　产品采购和使用)	
SC2a	9.1.9.2 a)
SC2b	9.1.9.2 b)
SC2c	9.1.9.2 c)
SC2d	9.1.9.3 a)
SC2e	9.1.9.3 b)
SC2f	9.1.9.3 c)
SC2g	9.1.9.3 d)
SC3　软件开发(9.1.9.4　自行软件开发/9.1.9.5　外包软件开发)	
SC3a	9.1.9.4 a)
SC3b	9.1.9.4 b)
SC3c	9.1.9.4 c)
SC3d	9.1.9.4 d)
SC3e	9.1.9.4 e)

续表

评估项	GB/T 22239—2019 第四级章节号
SC3f	9.1.9.4 f)
SC3g	9.1.9.4 g)
SC3h	9.1.9.5 a)
SC3i	9.1.9.5 b)
SC3j	9.1.9.5 c)
SC4　工程实施与测试交付(9.1.9.6　工程实施/9.1.9.7　测试验收/9.1.9.8　系统交付)	
SC4a	9.1.9.6 a)
SC4b	9.1.9.6 b)
SC4c	9.1.9.6 c)
SC4d	9.1.9.7 a)
SC4e	9.1.9.7 b)
SC4f	9.1.9.8 a)
SC4g	9.1.9.8 b)
SC4h	9.1.9.8 c)
SC5　服务供应商选择(9.1.9.10　服务供应商选择/9.2.6.1　云服务商选择/9.2.6.2　云计算供应链管理)	
SC5a	9.1.9.10 a) 9.2.6.2 a)
SC5b	9.1.9.10 b)
SC5c	9.1.9.10 c)
SC5d	9.2.6.1 a)
SC5e	9.2.6.1 b)
SC5f	9.2.6.1 c)
SC5g	9.2.6.1 d)
SC5h	9.2.6.1 e)
SC5i	9.2.6.2 b)
SC5j	9.2.6.2 c)
SC6　移动应用安全建设扩展要求(9.3.4.1　移动应用软件采购/9.3.4.2　移动应用软件开发)	

续表

评估项	GB/T 22239—2019 第四级章节号
SC6a	9.3.4.1 a)
SC6b	9.3.4.1 b)
SC6c	9.3.4.2 a)
SC6d	9.3.4.2 b)
SC7 工控系统安全建设扩展要求(9.5.5.1 工控系统产品采购和使用/9.5.5.2 工控系统外包软件开发)	
SC7a	9.5.5.1
SC7b	9.5.5.2
SC8 大数据安全建设扩展要求(H.5.4 大数据安全建设管理)	
SC8a	H.5.4 a)
SC8b	H.5.4 b)
SC8c	H.5.4 c)
SO 安全运维管理(9.1.10 安全运维管理)	
SO1 环境管理(9.1.10.1 环境管理/9.2.7.1 云计算环境管理)	
SO1a	9.1.10.1 a)
SO1b	9.1.10.1 b)
SO1c	9.1.10.1 c)
SO1d	9.1.10.1 d)
SO1e	9.2.7.1
SO2 资产和配置管理(9.1.10.2 资产管理/9.1.10.8 配置管理/9.3.5.1 移动互联配置管理)	
SO2a	9.1.10.2 a)
SO2b	9.1.10.2 b)
SO2c	9.1.10.2 c)
SO2d	9.1.10.8 a)
SO2e	9.1.10.8 b)
SO2f	9.3.5.1
SO3 设备维护和介质管理(9.1.10.3 介质管理/9.1.10.4 设备维护管理)	

续表

评估项	GB/T 22239—2019 第四级章节号
SO3a	9.1.10.4 a)
SO3b	9.1.10.4 b)
SO3c	9.1.10.4 c)
SO3d	9.1.10.3 a)
SO3e	9.1.10.3 b)
SO3f	9.1.10.4 d)
SO4　网络和系统安全管理(9.1.10.6　网络和系统安全管理)	
SO4a	9.1.10.6 a)
SO4b	9.1.10.6 b)
SO4c	9.1.10.6 c)
SO4d	9.1.10.6 d)
SO4e	9.1.10.6 e)
SO4f	9.1.10.6 f)
SO4g	9.1.10.6 g)
SO4h	9.1.10.6 h)
SO4i	9.1.10.6 i)
SO4j	9.1.10.6 j)
SO5　漏洞和恶意代码防范(9.1.10.5　漏洞和风险管理/9.1.10.7　恶意代码防范管理)	
SO5a	9.1.10.5 a)
SO5b	9.1.10.5 b)
SO5c	9.1.10.7 a)
SO5d	9.1.10.7 b)
SO6　密码管理(9.1.10.9　密码管理)	
SO6a	9.1.10.9 a)
SO6b	9.1.10.9 b)
SO6c	9.1.10.9 c)
SO7　变更管理(9.1.10.10　变更管理)	

续表

评估项	GB/T 22239—2019 第四级章节号
SO7a	9.1.10.10 a)
SO7b	9.1.10.10 b)
SO7c	9.1.10.10 c)
SO8 备份与恢复管理(9.1.10.11 备份与恢复管理)	
SO8a	9.1.10.11 a)
SO8b	9.1.10.11 b)
SO8c	9.1.10.11 c)
SO9 外包运维管理(9.1.10.14 外包运维管理)	
SO9a	9.1.10.14 a)
SO9b	9.1.10.14 b)
SO9c	9.1.10.14 c)
SO9d	9.1.10.14 d)
SO10 物联网节点设备管理(9.4.4.1 物联网感知节点管理)	
SO10a	9.4.4.1 a)
SO10b	9.4.4.1 b)
SO10c	9.4.4.1 c)
SO11 大数据安全运维管理(H.5.5 大数据安全运维管理)	
SO11a	H.5.5 a)
SO11b	H.5.5 b)
SO11c	H.5.5 c)
SO11d	H.5.5 d)
MP 安全监测防护(9.1.5 安全管理中心/新增)	
MP1 安全管理中心(9.1.5.1 系统管理/9.1.5.2 审计管理/9.1.5.3 安全管理)	
MP1a	9.1.5.1 a)
MP1b	9.1.5.1 b)
MP1c	9.1.5.2 a)

续表

评估项	GB/T 22239—2019 第四级章节号
MP1d	9.1.5.2 b)
MP1e	9.1.5.3 a)
MP1f	9.1.5.3 b)
MP2 集中管控(9.1.5.4 集中管控)	
MP2a	9.1.5.4 a)
MP2b	9.1.5.4 b)
MP2c	9.1.5.4 c)
MP2d	9.1.5.4 d)
MP2e	9.1.5.4 e)
MP2f	9.1.5.4 f)
MP2g	9.1.5.4 g)
MP3 云计算集中管控(9.2.5.1 云计算安全管理中心集中管控)	
MP3a	9.2.5.1 a)
MP3b	9.2.5.1 b)
MP3c	9.2.5.1 c)
MP3d	9.2.5.1 d)
MP4 安全事件处置(9.1.10.12 安全事件处置)	
MP4a	9.1.10.12 a)
MP4b	9.1.10.12 b)
MP4c	9.1.10.12 c)
MP4d	9.1.10.12 d)
MP4e	9.1.10.12 e)
MP5 应急预案管理(9.1.10.13 应急预案管理)	
MP5a	9.1.10.13 a)
MP5b	9.1.10.13 b)
MP5c	9.1.10.13 c)
MP5d	9.1.10.13 d)

续表

评估项	GB/T 22239—2019 第四级章节号
MP5e	9.1.10.13 e)
MP6　情报收集与利用	
MP6a	新增
MP6b	新增
MP6c	新增
MP7　值班值守	
MP7a	新增
MP7b	新增
MP7c	新增
MP8　实战演练	
MP8a	新增
MP8b	新增
MP8c	新增
MP9　研判整改	
MP9a	新增
MP9b	新增
SM　安全管理保障(9.1.6　安全管理制度/9.1.7　安全管理机构/9.1.8　安全管理人员)	
SM1　安全策略和管理制度(9.1.6.1　安全策略/9.1.6.2　管理制度/9.1.6.3　制定和发布/9.1.6.4　评审和修订)	
SM1a	9.1.6.1
SM1b	9.1.6.2 a)
SM1c	9.1.6.2 b)
SM1d	9.1.6.2 c)
SM1e	9.1.6.3 a)
SM1f	9.1.6.3 b)
SM1g	9.1.6.4
SM2　岗位设置和人员配备(9.1.7.1　岗位设置/9.1.7.2　人员配备)	

续表

评估项	GB/T 22239—2019 第四级章节号
SM2a	9.1.7.1 a)
SM2b	9.1.7.1 b)
SM2c	9.1.7.1 c)
SM2d	9.1.7.2 a)
SM2e	9.1.7.2 b)
SM2f	9.1.7.2 c)
SM2g	新增
SM3　授权审批和沟通合作(9.1.7.3　授权和审批/9.1.7.4　沟通和合作)	
SM3a	9.1.7.3 a)
SM3b	9.1.7.3 b)
SM3c	9.1.7.3 c)
SM3d	9.1.7.4 a)
SM3e	9.1.7.4 b)
SM3f	9.1.7.4 c)
SM4　安全检查和审计监督(9.1.7.5　审核和检查)	
SM4a	9.1.7.5 a)
SM4b	9.1.7.5 b)
SM4c	9.1.7.5 c)
SM4d	新增
SM4e	新增
SM5　人员录用和离岗(9.1.8.1　人员录用/9.1.8.2　人员离岗)	
SM5a	9.1.8.1 a)
SM5b	9.1.8.1 b)
SM5c	9.1.8.1 c)
SM5d	9.1.8.1 d)
SM5e	9.1.8.2 a)
SM5f	9.1.8.2 b)

续表

评估项	GB/T 22239—2019 第四级章节号
SM6　安全教育和培训(9.1.8.3　安全意识教育和培训)	
SM6a	9.1.8.3 a)
SM6b	9.1.8.3 b)
SM6c	9.1.8.3 c)
SM7　外部人员访问管理(9.1.8.4　外部人员访问管理)	
SM7a	9.1.8.4 a)
SM7b	9.1.8.4 b)
SM7c	9.1.8.4 c)
SM7d	9.1.8.4 d)
SM7e	9.1.8.4 e)

附录C

网络安全重点评估项编号/基本问题描述示例

重点评估项编号	基本问题描述	整改建议
PE1c	云计算基础设施物理位置不当	建议在中国境内部署云计算服务器、存储设备、网络设备、云管理平台、信息系统等运行业务和承载数据的软硬件等云计算基础设施
PE2a	机房出入口访问控制措施缺失	建议机房出入口配备电子门禁系统或安排专人值守，对进出机房的人员进行控制、鉴别，并记录相关人员信息
PE2e	机房防盗措施缺失	建议机房部署防盗报警系统或设置专人值守的视频监控系统，如发生盗窃事件可及时告警或进行追溯，为机房环境的安全可控提供保障
PE3c	机房防火措施缺失	建议机房设置火灾自动消防系统，能够自动检测火情、报警及灭火，相关消防设备（如灭火器等）应定期检查，确保防火措施持续有效
PE4b	机房短期备用电力供应措施缺失	建议机房配备容量合理的后备电源，并对相关设施进行定期巡检，确保在外部电力供应中断的情况下，备用供电设备能满足系统短期正常运行
PE4d	机房应急供电措施缺失	建议配备柴油发电机、应急供电车等备用供电设备
SN1a	网络设备业务处理能力不足	建议更换性能满足业务高峰期需要的网络设备，并合理预估业务增长情况，制订合适的扩容计划
SN1c	网络区域划分不当	建议对网络环境进行合理规划，根据各工作职能、重要性和涉及信息的重要程度等因素划分网络区域，便于在各网络区域落实访问控制策略
SN1d	网络边界访问控制设备不可控	建议部署或租用自主控制的边界访问控制设备，且对相关设备进行合理配置，确保网络边界访问控制措施有效、可控
SN1d	重要网络区域边界访问控制措施缺失	建议合理规划网络架构，避免重要网络区域部署在边界处；在重要网络区域与其他网络边界处，尤其是在外部非安全可控网络、内部非重要网络区域之间的网络边界处，应部署访问控制设备，并合理配置相关控制策略，以确保控制措施有效

续表

重点评估项编号	基本问题描述	整改建议
SN1e	关键线路和设备冗余措施缺失	建议关键网络链路、关键网络设备、关键计算设备采用冗余设计和部署，例如采用热备、负载均衡等部署方式，保证系统的高可用性
SN2a	云计算平台等级低于承载业务系统等级	建议云服务客户选择已通过等级保护测评（测评报告在有效期内，测评结论为中级以上）且不低于其安全保护等级的云计算平台；云计算平台只承载不高于其安全保护等级的业务应用系统
SN4a	重要数据传输完整性保护措施缺失	建议采用校验技术或密码技术保证通信过程中数据的完整性，相关密码技术符合国家密码管理部门的规定
SN4b	重要数据明文传输	建议采用密码技术为重要敏感数据在传输过程中的保密性提供保障，相关密码技术符合国家密码管理部门的规定
RB1d	无线网络管控措施缺失	若无特殊需要，建议内部重要网络不应与无线网络互联；若因业务需要，则建议加强对无线网络设备接入的管控，并通过边界设备对无线网络的接入设备对内部重要网络的访问进行限制，降低攻击者利用无线网络入侵内部重要网络的可能性
RB2a	重要网络区域边界访问控制配置不当	建议对重要网络区域与其他网络区域之间的边界进行梳理，明确访问地址、端口、协议等信息，并通过访问控制设备合理配置相关控制策略，确保控制措施有效
RB3a	外部网络攻击防御措施缺失	建议在关键网络节点（如互联网边界处）合理部署具备攻击行为检测、防止或限制功能的安全防护设备（如入侵防御设备、Web应用防火墙、抗DDoS攻击设备等），或采用云防、流量清洗等外部抗攻击服务；相关安全防护设备应及时升级策略库、规则库
RB3b	内部网络攻击防御措施缺失	建议在关键网络节点处实行严格的访问控制措施，并部署相关的防护设备，检测、防止或限制从内部发起的网络攻击行为（包括其他内部网络区域对核心服务器区的攻击行为、服务器之间的攻击行为、内部网络向互联网目标发起的攻击等）。对于服务器之间的内部攻击行为，建议合理划分网络区域，加强不同服务器之间的访问控制，部署主机入侵防范产品，或通过部署流量探针的方式检测异常攻击流量
RB3e	恶意代码防范措施缺失	建议在关键网络节点及主机操作系统上均部署恶意代码检测和清除产品，并及时更新恶意代码库，网络层与主机层恶意代码防范产品宜形成异构模式，有效检测及清除可能出现的恶意代码攻击
RB4a	网络安全审计措施缺失	建议在网络边界、关键网络节点处部署具备网络行为审计以及网络安全审计功能的设备（例如网络安全审计系统、网络流量分析设备、入侵防御设备、态势感知设备等），并保留相关审计数据，同时设备审计范围覆盖每个用户，能够对重要的用户行为和重要的安全事件进行日志审计，便于对相关事件或行为进行追溯

续表

重点评估项编号	基本问题描述	整改建议
CE1a	设备存在弱口令或相同口令	建议删除或修改账户口令，重命名默认账户，制定相关管理制度，规范口令的最小长度、复杂度与生命周期，并根据管理制度要求合理配置账户口令复杂度和定期更换策略；此外，建议为不同设备配备不同的口令，避免一台设备口令被破解后影响所有设备安全
CE1a	应用系统口令策略缺失	建议应用系统对用户口令长度、复杂度进行校验，如要求用户口令长度至少为8位，由数字、字母或特殊字符中的至少两种组成；对于PIN码等特殊用途的口令，应设置弱口令库，通过对比方式提高用户口令质量
CE1a	应用系统存在弱口令	建议应用系统通过口令长度和复杂度校验、常用口令和弱口令库比对等方式，提高应用系统口令质量
CE1b	应用系统口令暴力破解防范机制缺失	建议应用系统提供登录失败处理功能(如账户或登录地址锁定等)，防止攻击者进行口令暴力破解
CE1c	设备鉴别信息防窃听措施缺失	建议尽可能避免通过不可控网络环境对网络设备、安全设备、操作系统、数据库等进行远程管理。如确有需要，则建议采取措施或使用加密机制(如VPN加密通道，开启SSH、HTTPS等协议)，防止鉴别信息在网络传输过程中被窃听
CE1c	应用系统鉴别信息明文传输	对于互联网可访问的应用系统，建议用户身份鉴别信息采用加密方式传输，防止鉴别信息在网络传输过程中被窃听
CE1d	设备未采用多种身份鉴别技术	建议核心设备、操作系统等增加除用户名、口令以外的身份鉴别技术，如基于密码技术的动态口令或令牌等鉴别方式，使用多种技术进行身份鉴别，增强身份鉴别的安全力度；对于使用堡垒机或统一身份认证机制实现双因素认证的场景，建议通过地址绑定等技术措施，确保设备只能通过该机制进行身份认证，无旁路现象存在
CE1d	应用系统未采用多种身份鉴别技术	建议应用系统增加除用户名、口令以外的身份鉴别技术，如基于密码技术的动态口令或令牌、生物鉴别方式等，使用多种技术进行身份鉴别，增强身份鉴别的安全力度
CE2b	设备默认口令未修改	建议对网络设备、安全设备、主机设备(包括操作系统、数据库等)等进行重命名或删除默认管理员账户，修改默认口令，使其具备一定的安全强度，增强账户安全性
CE2b	应用系统默认口令未修改	建议应用系统重命名或删除默认管理员账户，修改默认口令，使其具备一定的安全强度，增强账户安全性
CE2e	应用系统访问控制机制存在缺陷	建议完善访问控制措施，对系统重要页面、功能模块重新进行身份鉴别、权限校验，确保应用系统不存在访问控制失效情况

续表

重点评估项编号	基本问题描述	整改建议
CE3a	设备安全审计措施缺失	建议在关键网络设备、关键安全设备、关键主机设备(包括操作系统、数据库等)、运维终端性能允许的前提下,开启用户操作类和安全事件类审计策略;若相应设备的性能不允许,建议使用第三方日志审计工具实现对相关设备操作与安全行为的全面审计记录,保证发生安全问题时能够及时溯源
CE3a	应用系统安全审计措施缺失	建议应用系统完善审计模块,对重要用户的操作行为进行日志审计,审计范围不仅针对前端用户的操作,也包括后台管理员的重要操作
CE3c	设备审计记录不满足保护要求	建议对设备的重要操作、安全事件日志进行妥善保存,避免受到非预期的删除、修改或覆盖等,留存时间不少于6个月,符合法律法规的相关要求
CE3c	应用系统审计记录不满足保护要求	建议对应用系统重要操作类、安全类等日志进行妥善保存,避免受到非预期的删除、修改或覆盖等,留存时间不少于6个月,符合法律法规的相关要求
CE4b	设备开启多余的服务、高危端口	建议网络设备、安全设备、主机设备等关闭不必要的服务和端口,减少安全隐患
CE4c	设备管理终端限制措施缺失	建议通过地址限制、准入控制等技术手段对管理终端进行管控和限制
CE4d	应用系统数据有效性检验功能缺失	建议修改应用系统代码,对输入数据的格式、长度、特殊字符进行校验和必要的过滤,提高应用系统的安全性,防止相关漏洞的出现
CE4e	互联网设备存在已知高危漏洞	建议订阅安全厂商推送或本地安装的安全软件,及时了解漏洞动态,在充分测试评估的基础上,弥补高危安全漏洞
CE4e	内网设备存在可被利用的高危漏洞	建议在充分测试的情况下,及时对设备进行补丁更新,修补已知的高风险安全漏洞;此外,还应定期对设备进行漏洞扫描,及时处理发现的风险漏洞,提高设备稳定性与安全性
CE4e	应用系统存在可被利用的高危漏洞	建议定期对应用系统进行漏洞扫描、渗透测试等技术检测,对可能存在的已知漏洞、逻辑漏洞,在充分测试评估后及时进行修补,减少安全隐患
CE4j	恶意代码防范措施缺失	建议在关键网络节点及主机操作系统上均部署恶意代码检测和清除产品,并及时更新恶意代码库,网络层与主机层恶意代码防范产品宜形成异构模式,有效检测及清除可能出现的恶意代码攻击
CE5a	重要数据传输完整性保护措施缺失	建议采用校验技术或密码技术保证通信过程中数据的完整性,相关密码技术符合国家密码管理部门的规定
CE5d	重要数据明文传输	建议采用密码技术为重要敏感数据在传输过程中的保密性提供保障,且相关密码技术符合国家密码管理部门的规定

续表

重点评估项编号	基本问题描述	整改建议
CE5e	重要数据存储保密性保护措施缺失	建议采用密码技术保证重要数据在存储过程中的保密性，且相关密码技术符合国家密码管理部门的规定
CE5f	云服务客户数据和用户个人信息违规出境	建议云服务客户数据、用户个人信息等存储于中国境内；如需出境，应遵守国家相关规定
CE6a	数据备份措施缺失	建议建立备份恢复机制，定期对重要数据进行备份以及恢复测试，确保在出现数据破坏时可利用备份数据进行恢复；此外，应对备份文件妥善保存，不要放在互联网网盘、开源代码平台等不可控环境中，避免重要信息泄露
CE6b	异地备份措施缺失	建议设置异地灾备机房，并利用通信网络将重要数据实时备份至备份场地。灾备机房的距离应满足行业主管部门的相关要求，例如金融行业应符合 JR/T 0071 的相关要求
CE6c	数据处理系统冗余措施缺失	建议对重要数据处理系统采用热冗余技术，提高系统的可用性
CE6d	未建立异地灾难备份中心	建议建立异地应用级灾备中心，通过技术手段实现业务应用的实时切换，提高系统的可用性
CE7a	鉴别信息释放措施失效	建议完善鉴别信息释放或清除机制，确保在执行释放或清除相关操作后，鉴别信息得到完全释放或清除
CE7b	敏感数据释放措施失效	建议完善敏感数据释放或清除机制，确保在执行释放或清除相关操作后，敏感数据得到完全释放或清除
CE7e	违规采集和存储个人信息	建议根据国家、行业主管部门以及标准的相关规定（如 GB/T 35273—2020），明确向用户表明采集信息的内容、用途以及相关的安全责任并在用户同意和授权的情况下采集、保存业务必需的用户个人信息
CE7f	违规访问和使用个人信息	建议根据国家、行业主管部门以及标准的相关规定（如 GB/T 35273—2020），通过技术和管理手段防止未授权访问和非法使用用户个人信息
SC2d	违规采购和使用网络安全产品	建议依据国家有关规定采购和使用网络安全产品，例如采购或使用获得销售许可证或通过相关机构检测认证的网络安全产品
SC3j	外包开发代码审计措施缺失	建议对开发单位开发的核心系统进行源代码审查，检查是否存在后门和隐蔽信道。如果没有技术手段进行源代码审查，可聘请第三方专业机构对相关代码进行安全检测
SC4e	上线前未开展安全测试	建议在新系统上线前对系统进行安全性评估，及时修补评估过程中发现的问题，确保系统安全上线

续表

重点评估项编号	基本问题描述	整改建议
SO1e	云计算平台运维方式不当	建议云计算平台在中国境内设置运维场所；如需从境外对境内云计算平台实施运维操作，则应遵守国家相关规定
SO4h	运维工具管控措施缺失	建议在管理制度中及实际运维过程中加强运维工具的管控，明确运维工具经过审批及必要的安全检查后才能接入使用，使用完成后应对工具中的数据进行检查，删除敏感数据，避免敏感数据泄露；尽可能使用商业化的运维工具，严禁运维人员私自下载第三方未商业化的运维工具
SO4j	设备外联管控措施缺失	建议在制度上明确所有与外部连接相关的授权和批准，并定期对外联行为进行检查，及时关闭不再使用的外部连接；在技术上采用终端管理系统等具有相关功能的安全产品实现违规外联和违规接入的有效控制措施，并合理设置安全策略，在出现违规外联和违规接入时能第一时间进行检测和阻断
SO5c	外来接入设备恶意代码检查措施缺失	建议制定外来接入设备检查制度，任何外来计算机或存储设备接入系统前必须经过恶意代码检查，在通过检查并经过审批后，外来设备方可接入系统
SO7a	变更管理制度缺失	建议系统的任何变更均需要管理流程，必须组织相关人员（业务部门人员与系统运维人员等）进行分析与论证。在确定必须变更后，制订详细的变更方案。在经过审批后，先对系统进行备份，再实施变更
SO8c	数据备份策略缺失	建议制定备份与恢复的相关制度，明确数据备份策略和数据恢复策略以及备份程序和恢复程序，实现重要数据的定期备份与恢复测试，保证备份数据的高可用性与可恢复性
MP2c	运行监控措施缺失	建议部署统一监控平台或运维监控软件，对网络链路、安全设备、网络设备和服务器等的运行状况进行集中监测
MP2d	审计记录存储时间不满足要求	建议部署日志服务器，统一收集各设备的审计数据，进行集中分析，并根据法律法规的要求留存日志（留存时间不少于6个月）
MP2f	安全事件发现处置措施缺失	建议根据系统场景需要，部署IPS、应用防火墙、防毒墙（杀毒软件）、垃圾邮件网关、新型网络攻击防护设备等，对网络中发生的各类安全事件进行识别、报警和分析，确保相关安全事件得到及时发现和及时处置
MP5b	重要事件应急预案缺失	建议根据系统实际情况，对重要事件制定有针对性的应急预案，明确重要事件的应急处理流程、系统恢复流程等内容，并对应急预案进行演练
MP5c	未对应急预案进行培训演练	建议每年定期对相关人员进行应急预案培训与演练，并保留应急预案培训和演练记录，使参与应急工作的人员熟练掌握应急的整个过程

续表

重点评估项编号	基本问题描述	整改建议
SM1b	管理制度缺失	建议按照等级保护的相关要求，建立包括总体方针、安全策略在内的各类与安全管理活动相关的管理制度
SM2a	未建立网络安全领导小组	建议成立指导和管理网络安全工作的领导小组，其最高领导由单位主要领导担任，每年主持或授权分管领导主持领导小组会议
SM6a	未开展安全意识和安全技能培训	建议制订与安全意识、安全技能相关的教育培训计划，并按计划开展相关培训，增强员工整体安全意识及安全技能，有效支撑业务系统的安全稳定运行
SM7b	外部人员接入网络管理措施缺失	建议在外部人员管理制度中明确接入受控网络访问系统的申请、审批流程，并对外部人员接入设备、可访问资源范围、账号回收、保密责任等内容做出明确规定，避免因管理缺失导致外部人员给受控网络或系统带来安全隐患

附录D

工控系统常见的网络安全威胁及其描述

序号	网络安全威胁	网络安全威胁描述
1	内部攻击者	具有攻击性的内部员工是网络安全威胁的主要来源之一。内部攻击者了解目标系统,往往被允许不受限制地访问系统,所以并不需要掌握太多关于网络入侵的知识,就可以破坏系统或窃取系统数据。内部攻击者也包括外购产品供应商和运维人员
2	黑客	黑客入侵往往是为了获得刺激和成就感。大多数这类攻击者本来不具备专业攻击技术,现在却可以从互联网上下载攻击脚本和程序,向目标发起攻击,而且攻击工具越来越高级和容易使用。黑客的数量庞大,分布在全球,即使是独立或短暂的攻击破坏,也会导致严重的后果,总体上形成了相对较高的安全威胁
3	僵尸网络的操控者	僵尸网络的操控者通过操纵大量系统进行协同攻击、散布钓鱼网站、垃圾邮件和恶意软件。有时候他们利用这些受控制的系统和网络在黑市上对拒绝服务攻击、垃圾邮件攻击或者网络钓鱼攻击等进行交易
4	恶意软件的作者	居心不良的个人或组织通过制造并传播恶意软件对用户实施攻击。一些破坏性的恶意软件会损害系统文件或硬件驱动器、控制关键过程、开启执行程序以及控制系统中的设备等
5	恐怖分子	恐怖分子试图破坏关键信息基础设施、使关键信息基础设施瘫痪或利用关键信息基础设施来威胁国家安全,引起大规模人员伤亡,削弱国家经济,影响社会稳定,降低民众的士气与信心。恐怖分子可能利用钓鱼网站和恶意软件获取资金或搜集敏感信息,也可能会佯攻某个目标以转移对其他目标的关注程度和保护力度
6	工业间谍	工业间谍通过暗中活动的方式企图获取有情报价值的资产和技术秘密
7	犯罪组织	犯罪组织一般为了获取钱财攻击系统,它们往往利用垃圾邮件、钓鱼网站、恶意软件实施身份盗窃和网上欺诈行为。国际间谍组织和犯罪组织也会进行工业间谍活动,大规模盗窃金钱,雇用或培养黑客人才,从而对国家安全和经济社会稳定造成威胁

续表

序号	网络安全威胁	网络安全威胁描述
8	境外国家力量	国外情报机构等国家力量利用互联网作为信息收集和间谍活动的一部分空间,个别国家致力于发展信息战、网络战,通过破坏目标国家供给、通信和经济基础设施,对目标国家安全、经济社会稳定和人民日常生活造成重大影响

工控系统自身脆弱性及其描述

代码	自身脆弱性类型和名称	自身脆弱性描述/对策
F-1 策略和规程脆弱性		
F-1-1	不精确的工控系统安全策略	不精确的安全策略经常会把脆弱性引入工控系统
F-1-2	没有依据工控系统的安全策略，编制明确、具体的、书面安全规程文档	建立有效安全规程的根本措施是编制明确、具体的安全规程文档并对有关人员进行培训
F-1-3	没有对工控系统进行正式的安全培训	设计文档化的正式安全培训和学习程序，可以使有关人员掌握组织上的安全策略和规程，掌握工业信息安全标准和建议的实践。如果没有针对特定工控系统策略和规程进行培训，就不能期望有关人员维护安全的工控系统环境
F-1-4	不合理的安全体系架构设计	工程人员缺乏安全方面的基本培训，设备和系统供应商的产品中没有必要的安全特性
F-1-5	没有工控系统设备安装使用指导文件或工控系统设备安装使用指导文件有缺陷	设备安装使用指导文件应及时更新、随时备用。这些指导文件是解决工控系统故障的恢复程序中必不可少的
F-1-6	缺少安全实施的管理机制	安全方面的实施负责人员应对文档化安全策略和规程承担相应责任
F-1-7	没有工控系统特定的持续运行或灾难恢复计划	编制、测试灾难恢复计划，确保其在主要硬件、软件失效时或在服务设施毁坏时是可用的。如果工控系统缺少灾难恢复计划，就可能导致宕机次数增加，造成生产力的丧失
F-1-8	未对工控系统进行审计	独立的安全审计应评审和检查系统的记录和活动，确定系统控制的准确性，并确保符合已建立的工控系统安全策略和规程。审计人员还应当经常检查工控系统安全服务是否缺失，并提出改进建议，这样能够使安全控制措施更有效
F-1-9	没有明确具体的配置变更管理程序	应当编制并严格执行工控系统硬件、固件、软件的变更控制程序和相关程序文件，以保证工控系统得到实时保护，配置变更管理程序的缺失将导致安全监管疏忽、信息暴露和安全风险

续表

代码	自身脆弱性类型和名称	自身脆弱性描述/对策
		F-2 网络硬件脆弱性
F-2-1	网络设备物理保护不足	应该对网络设备的物理访问进行控制，以防止破坏网络设备
F-2-2	缺少环境控制	缺少环境控制会导致处理器失常。例如，一些处理器在过热情况下会自动关闭以实现自我保护，一些处理器则会烧毁
F-2-3	不安全的物理端口	不安全的通用端口(如USB、PS/2等)可能会导致未授权的设备接入
F-2-4	无关人员可以物理访问网络设备	对网络设备不适当的物理访问会导致数据和硬件被窃取、数据和硬件的物理损伤破坏、对安全环境的篡改、对网络行为未授权的阻止或控制以及物理数据链路被关闭等
		F-3 网络结构脆弱性
F-3-1	薄弱的网络安全架构	因业务和操作需要对工控系统网络架构的开发和修改可能无意地将安全漏洞引入网络架构的某一部分中
F-3-2	在网络中传输非控制数据	控制数据与非控制数据有不同的要求，例如可靠性要求不同。因此，在同一个网络中传输两种流量会存在难以对网络进行配置的问题。例如，非控制流量可能会大量消耗控制流量传输所需的资源，导致工控系统功能中断
F-3-3	在控制网络中应用IT网络服务	IT网络中实施的服务(如DNS、DHCP等)在控制网络中被使用时可能引入额外的严重安全漏洞
F-3-4	重要网络链路或设备没有冗余配置	在重要的网络中，如果链路或设备没有冗余配置，可能出现单点故障
		F-4 网络边界的脆弱性
F-4-1	安全边界定义不清晰	控制网络安全边界定义不清晰，将难以实施或配置必要的安全措施，会导致对系统和数据的未授权访问和其他问题
F-4-2	网络边界访问控制措施不当	缺少或未配置合适的边界访问控制措施会导致无用数据在网络间传递。这会引起多种问题，如攻击和病毒在网络中扩散，可以在其他网络中对控制网络中的敏感数据进行监控和窃听以及对系统进行非法访问等
		F-5 通信和无线连接脆弱性
F-5-1	使用标准的、有文档记载的明文通信协议	攻击者可以使用协议分析器或者其他设备解码ProfiBus、DNP、Modbus等协议传输的数据，实现对工控系统的网络监控。使用这些协议也可以使攻击者更容易攻击工控系统或控制工控系统的网络行为
F-5-2	缺少对用户、数据或设备的认证	许多工控系统协议不具备认证机制。没有认证，就存在重放或篡改数据的可能性

续表

代码	自身脆弱性类型和名称	自身脆弱性描述/对策
F-5-3	缺少通信完整性保护	大部分工业协议不具备完整性检查机制。攻击者可以操纵这种没有完整性检查的通信
F-5-4	无线连接客户端与接入点间认证不足	无线客户端与接入点之间需要完整的相互认证，保证客户端访问的不是攻击者伪造的接入点，同时也保证非法入侵者无法访问工控系统的无线网络
F-5-5	无线连接客户端与接入点间数据保护不力	无线客户端与接入点间传递的敏感数据未采用加密保护，攻击者监听明文信息，造成信息泄露
F-6　网络设备配置脆弱性		
F-6-1	没有使用数据流控制	未采用数据流控制机制，如利用访问控制列表限制系统或人对网络设备的直接访问
F-6-2	IT安全设备配置不当	使用默认配置往往导致主机上运行了不必要的开放端口和可能被威胁利用的网络服务。不当的防火墙配置规则和路由器访问控制列表将允许不必要的流量通过
F-6-3	没有备份网络设备配置	没有制定和实施网络设备配置备份和恢复规程，对网络设备的配置偶然或者恶意的修改可能造成系统通信中断并无法及时恢复
F-6-4	传输中没有对口令进行加密	以明文传输的口令很容易被攻击者窃听，攻击者会利用这些口令对网络设备进行非法访问。通过这种访问，攻击者可以破坏工控系统的操作或者监视工控系统的网络行为
F-6-5	网络设备口令未及时更新	密码应定期更换，这样，即使未授权用户获得密码，也只有很短的时间段内可以访问网络设备。未定期更换密码可能使黑客破坏工控系统的操作或监视工控系统的网络活动
F-6-6	采用的访问控制不足	通过非法访问网络设备，攻击者可以破坏工控系统的操作或者监视工控系统的网络行为
F-7　平台硬件脆弱性		
F-7-1	重要系统安全保护不足	许多远程设备没有配备专门的运行维护工作人员，也没有物理监视技术手段
F-7-2	缺少环境控制	缺少适当的环境控制措施会导致处理器不能正常工作。例如，温度过高时，一些处理器会自动关闭，以避免被烧毁
F-7-3	未授权人员对设备进行物理访问	考虑到有紧急关闭或重启之类的安全要求，应保证只有必要的人员可以对工控系统设备进行物理访问。对工控系统设备访问不当会导致数据和硬件窃取、数据和硬件的物理损伤和破坏、对功能环境的非法篡改、物理数据链路关闭、检测不到的数据拦截或窃听

续表

代码	自身脆弱性类型和名称	自身脆弱性描述/对策
F-7-4	环境中存在无线频率和电磁脉冲	无线电磁波会损害工控系统中的硬件,可能会扰乱命令和控制,甚至对电路板造成永久损坏
F-7-5	缺少备份电源	重要资产缺少备份电源,一旦停电,工控系统就会关闭,导致不安全事件发生
F-7-6	重要组件没有冗余配置	重要的组件没有备份,会导致单点故障
F-8 平台软件脆弱性		
F-8-1	缓冲溢出	工控系统软件可能存在缓存溢出的问题。攻击者可以利用这一点实施攻击
F-8-2	一些安全功能默认配置为关闭	如果关闭或者不使用产品自带的安全功能,那么这样的安全功能将不能起到作用
F-8-3	存在 DoS 攻击威胁	工控系统软件可能遭受 DoS 攻击,导致系统不能被合法用户访问,或者系统操作和功能延迟
F-8-4	对未定义、定义不明或非法情况的错误处理	一些工控系统可能遭受格式错误或者包含非法域值的包的攻击
F-8-5	存在依赖 RPC/DCOM 的 OPC	不升级系统补丁,RPC/DCOM 的脆弱性可能被用来攻击 OPC
F-8-6	使用不安全的工控系统协议	DNP 3.0、Modbus、IEC 60870-5-101、IEC 60870-5-104 和其他一些协议在工业中被普遍使用,而且协议的相关信息随处可得。这些协议只有很少的安全功能或根本不包含安全功能
F-8-7	使用明文	许多工控系统协议以明文方式传递消息,导致消息很容易被攻击者窃听
F-8-8	配置和程序软件的认证和访问控制不足	攻击者可以通过非法访问配置和程序软件破坏设备或系统
F-8-9	没有安装入侵检测和防御软件	入侵行为会导致系统不可用,数据被截获、修改和删除,以及控制命令的错误执行
F-8-10	工控系统安全后门	不法供应商为了各种目的,给系统设置后门,这些后门的危害特别大
F-8-11	通信协议脆弱性	工控系统采用的部分通信协议由于设计原因存在安全脆弱性,这些协议脆弱性可能被攻击者利用,造成系统的不可用,数据被截获、修改和删除,以控制系统执行错误的动作等
F-9 平台配置脆弱性		
F-9-1	没有及时安装操作系统和应用安全补丁	未及时安装补丁的操作系统和应用存在脆弱性,这些脆弱性可能会被攻击者利用

续表

代码	自身脆弱性类型和名称	自身脆弱性描述/对策
F-9-2	没有经过彻底的测试就安装了操作系统和应用安全补丁	操作系统和应用的安全补丁不经测试就安装可能会对工控系统的正常操作产生影响，安全补丁也可能成为供应链攻击的一种载体
F-9-3	使用默认配置	默认配置中往往会开放不安全或者不必要的端口、服务和应用
F-9-4	重要的配置没有被存储或备份	没有制定和实施工控系统软硬件配置备份和恢复规程，对系统参数配置错误或者恶意的修改可能造成系统故障或数据丢失
F-9-5	便携设备上的数据未受保护	假如敏感数据(如密码等)以明文方式存储在便携设备上，那么一旦这些设备丢失或者被盗，系统安全就会遭受极大威胁
F-9-6	缺少恰当的口令策略	没有口令策略，系统就不能进行口令控制，使得对系统的非法访问更容易。口令策略是整个工控系统安全策略的一部分，口令策略的制定应考虑到工控系统处理复杂口令的能力
F-9-7	未使用口令	应该在工控系统组件上使用口令以阻止非法访问。与口令相关的脆弱性包括：系统登录无口令(如果系统有用户账户)，系统启动无口令(如果系统没有用户账户)，系统待机无口令(如果系统组件在一段时间内未被使用)
F-9-8	口令使用不当	口令使用不当包括：以明文方式将口令记录在本地系统；和个人账户使用同一口令；在受利益诱惑或收受贿赂后，将口令交给潜在攻击者；在未受保护的通信中以明文方式传输口令
F-9-9	访问控制不当	访问控制不当，可能使工控系统用户具有过多或过少的权限。如采用默认的访问控制设置使得操作员具有管理员特权
F-9-10	没有安装入侵检测和防御软件	入侵行为会导致系统不可用，数据被截获、修改和删除，以及控制命令被错误执行
F-9-11	不安全的工控系统组件远程访问	系统工程师或厂商在无安全控制措施的情况下实施对工控系统的远程访问，可能致工控系统访问权限被非法用户获取
	F-10　平台病毒防护脆弱性	
F-10-1	没有安装病毒防护软件	恶意软件会导致系统性能低下、系统不可用以及数据被截获、修改和删除，因此需要安装防病毒软件，以防止系统感染病毒
F-10-2	防病毒软件病毒库过期	防病毒软件病毒库过期会导致系统容易被新的病毒攻击
F-10-3	没有经过仔细的测试就安装防病毒软件及其病毒库升级包	未经测试就安装防病毒软件及其病毒库升级包，可能会影响工控系统的正常运行

参 考 文 献

[1] 中共中央办公厅法规局. 中国共产党党内法规汇编[M]//党委(党组)网络安全工作责任制实施办法. 北京：法律出版社，2021.

[2] 公安部网络安全保卫局. 贯彻落实网络安全等级保护制度和关键信息基础设施安全保护制度的指导意见[EB/OL].(2020-09-22). https://www.mps.gov.cn/n6557558/c7369310/content.html.

[3] 国务院国有资产监督管理委员会. 中央企业负责人经营业绩考核办法[EB/OL].(2020-09-22). http://www.sasac.gov.cn/n2588030/n2588954/c10652592/content.html

[4] 中国国家标准化管理委员会. 信息安全技术 网络安全等级保护基本要求：GB/T 22239—2019[S]. 北京：中国标准出版社，2019.

[5] 中国国家标准化管理委员会. 信息安全技术 网络安全等级保护安全实施指南：GB/T 25058—2019[S]. 北京：中国标准出版社，2019.

[6] 中国国家标准化管理委员会. 信息安全技术 网络安全等级保护测评过程指南：GB/T 28449—2018[S]. 北京：中国标准出版社，2018.

[7] 中关村信息安全测评联盟. 网络安全等级保护测评高风险判定指引：T/ISEAA 001—2020[S]. 北京：中关村信息安全测评联盟，2020.

[8] 中国国家标准化管理委员会.电力监控系统网络安全评估指南：GB/T 38318—2019[S]. 北京：中国标准出版社，2019.

[9] 中国国家标准化管理委员会. 工业控制系统安全检查指南：GB/T 37980—2019[S]. 北京：中国标准出版社，2019.

[10] 春增军，邹来龙. 发电企业集团办公网与互联网隔离策略分析与方案研究[J]. 电子技术应用，2010，36(1)：144-147.

[11] 黄萍. 同行评估在我国核电行业的应用与发展[J]. 核安全，2014(6)：16-22.

致　　谢

为有效应对日益复杂、严峻的网络安全挑战，作者在网络安全工作实践中始终坚持向同事、同行和专家持续学习，结合工作需要进行深入思考、系统提炼和全面总结，形成了《网络安全评估实战》和《网络安全评估标准实用手册》等成果，期待与面临同样挑战的各界同行充分共享近些年来的亲身实践。借此机会，向以下各位致以特别感谢。

中国工程院沈昌祥院士。沈院士特别重视核电网络安全，设立院士工作站，带领孙瑜、王琦研发团队，深入开展可信计算技术在核电网络安全保障中的应用，使作者受益匪浅。

中国广核集团网络安全和数字技术研发中心杨晓晨、春增军、颜振宇、李若兰、徐力争等，中广核智能科技公司蒋振钢、刘孝明、柳明、朱旭东、张华、李海涛、徐康等。他们与作者一起日夜鏖战在实网实战第一线，基于实际问题的发现和整改，不断总结，形成了许多实战经验。

公安部一所胡光俊、李海威、薛正、吴文武、陈莹等。在历次网络安全实战演习中，他们指导和协助作者团队，全面、系统、深入地查找和发现网络安全隐患、风险和管理缺陷，开展整改提升工作，并提出了许多有效的防护措施。

中国核能行业协会龙茂雄、肖心民、刘强、沙睿、赵高峰等，中广核研究院汪德伟等。他们引领作者跨入国际核能行业同行评估的大门，不仅系统介绍了国内外开展核安全同行评估的理念、框架、工具、方法和最佳实践，而且亲自与作者一起参加网络安全现场评估实战，对建立和完善网络安全业绩目标与评估准则贡献了智慧，付出了心血。

国家信息技术安全研究中心李冰、刘鸿运、张芝军等，工业控制系统产业联盟辛耀中，公安部三所毕马宁，国家工业信息安全发展研究中心陈雪鸿，国家核安保技术中心杨志民、刘小君，华北电力大学刘韧，核与辐射安全中心王忠秋，清华大学李江海，上海交通大学李建华，国家能源局信息中心温红子，中国电科院信通所朱朝阳，北京广利核公司刘元，中能融合王海、黄仁亮，北京金源动力胡建生、张启杰，中国融通集团科技智能部李旸照，中交集团科数部刘学忠，中信集团信息部伍东，中化能源信息部胡斌，深圳网安吴安南等。他们协助作者深入学习和理解国家网络安全法律、法规、条例和指导意见，以及网络安全等级保护等技术标准和国内外有关行业最新实践，提供了专业的建议。

核与辐射安全中心张云波，大亚湾核电运营管理公司李实，上海中广核工程科技公司褚瑞，中核武汉核电运行技术公司高汉军，江苏核电公司韩小振，深圳中广核工程设计公司刘高俊，华能核电开发公司郭云，上海核工程研究设计院毛磊、张启江，中核核电运行管理公司刘晓红，华能集团信息中心郭森，山东核电公司马仁贵，华能山东石岛湾核电公司侯曰永，中核控制系统工程公司崔泽朋，三门核电公司刘帝勇，江苏核电公司赵磊，国核示范电站公司曹姝媛、中国核电工程公司张冬、中核控制系统工程公司李朝历等。他们在核能行业网络安全同行评估实战中，与作者一起现场研讨、切磋和开展实战应用，验证和贡献了很多实用的评估技术和经验。

奇安信集团吴云坤、张翀斌、白健、刘进、刘俊、周培源、李振、李蕾、陶继高，知道创宇信息技术公司赵伟、张磊、欧阳谦，长亭科技公司张念东、何超频、贾长顺，科来网络技术公司罗鹰、钟超，升鑫网络科技公司张福、易娟，中国网安/卫士通公司饶志宏、林楠、魏颖君，腾讯云方斌、孙虎，神州绿盟科技公司胡忠华、王磊，杭州安恒信息技术公司麦景超，启明星辰信息技术集团严望佳、李春燕、姜卫峰，深信服科技公司何朝曦、谢全锋、洪国庆，天融信科技公司夏东爽，木链科技公司雷濛、康剑锋，吉大正元信息技术公司高剑峰、海兰、李杰，芯盾时代科技公司郭晓鹏、蔡向真，默安科技公司彭戈、欧文等，他们向作者团队介绍了许多领先的网络安全产品、技术解决方案和实战防护经验。

还有中国核能行业协会郭宏波以及其他许多同行专家，他们都是作者知识的源泉和学习的榜样。清华大学出版社白立军编辑一直悉心指导和支持本书的出版。我的同行——书享界信息技术公司邓斌、蔡文海、唐凌遥、陈吉俭，以及我的同事孙永滨、李柯、杨婷婷等，提供了许多建议和帮助。最后，特别感谢我的家人，他们始终予以体贴的关心和温暖的鼓励。

在此向以上诸位一并致以衷心感谢。期待我们今后在充满挑战的道路上继续携手前行，持续守住打赢！

作　者

2022 年 10 月